班组安全行丛书

机加工和钳工安全知识

刘建　主编

中国劳动社会保障出版社

图书在版编目(CIP)数据

机加工和钳工安全知识/刘建主编. —北京：中国劳动社会保障出版社，2010

班组安全行丛书

ISBN 978-7-5045-8427-4

Ⅰ.①机… Ⅱ.①刘… Ⅲ.①机械加工-安全技术-问答②钳工-安全技术-问答 Ⅳ.①TG9-44

中国版本图书馆 CIP 数据核字(2010)第 132409 号

中国劳动社会保障出版社出版发行

（北京市惠新东街 1 号 邮政编码：100029）

出版人：张梦欣

*

世界知识印刷厂印刷装订 新华书店经销

880 毫米×1230 毫米 32 开本 5.625 印张 128 千字

2010 年 7 月第 1 版 2010 年 7 月第 1 次印刷

定价：15.00 元

读者服务部电话：010-64929211/64921644/84643933

发行部电话：010-64961894

出版社网址：http://www.class.com.cn

内容简介

本书以问答的形式对机加工和钳工的安全知识进行了介绍，内容包括机加工和钳工通用安全知识、机加工通用安全知识、车削加工安全知识、铣削加工安全知识、刨削加工安全知识、钻削加工安全知识、镗削加工安全知识、磨削加工安全知识、冲压操作安全知识、钳工安全知识以及机加工和钳工安全急救知识十一部分。另外，为了便于学习，根据所讲述的内容精选了各种类型的事故案例，力求使企业员工通过学习，掌握机加工和钳工操作过程中的基本安全知识，达到“三不伤害”，从而避免安全生产事故。

本书由刘建主编，黄春新、魏传光副主编，常梦迪、李杰男、刘勇、李莉洁参与编写。

前言

班组是企业最基本的生产组织，也是企业完成各项工作的基础，始终处于安全生产的第一线。班组的安全管理和教育，对于保证企业正常生产秩序，提高企业效益，促进企业安全健康可持续发展具有重要意义。据统计，在当前企业的伤亡事故中，绝大多数属于责任事故，而这些责任事故 90%以上又发生在班组。因此可以说，班组平安则企业平安；班组不安则企业难安。由此可见，班组的安全生产教育直接关系到企业整体的生产状况乃至企业发展的安危。

为适应各类企业班组安全生产教育培训的需要，中国劳动社会保障出版社特组织编写了这套“班组安全行丛书”。

本套丛书有以下主要特点：一是具有权威性。本套丛书的作者均为全国各行业长期从事安全生产、劳动保护工作的专业人员。二是针对性强。“班组安全行丛书”在介绍安全生产基础知识的同时，以作业方向为模块进行分类，并采用问答形式编写，每分册只讲与本作业方向相关的知识，因而内容更加具体，更有针对性，班组在不同时期可以选择不同作业方向的分册进行学习，或者，在同一时期选择不同分册进行组合形成一套适合本作业班组使用的学习教材。

本套丛书有：《安全生产基础知识》《职业卫生知识》《应急救护知识》《个人防护知识》《劳动权益与工伤保险知识》《消防安全知识》《电气安全知识》《焊接安全知识》《机加工与钳工安全知识》《起重安

全知识》《企业内机动车辆安全知识》《锅炉压力容器作业安全知识》《金属冶炼安全知识》《道路交通运输安全知识》共计 14 册。

这套丛书按作业内容编写，面向基层，面向大众，注重实用性，联系实际紧密，通俗易懂，图文并茂，可作为企业班组安全教育的教材，也可供企业安全管理人员学习参考。

目录

第1章 机加工和钳工通用安全知识

1．产品的生产过程和工艺过程各指的是什么？

答：(1) 生产过程

产品的生产过程是指把原材料转变为成品的各互相关联的劳动过程的总和。它包括：

1) 生产技术准备过程。包括产品投产前的市场调查、预测，新产品开发鉴定、产品设计、标准化审查等。

2) 生产工艺过程。是指直接制造产品毛坯和零件的切削加工、热处理、检验、装配、调试、涂装等生产活动。

3) 辅助生产过程。是指为了保证基本生产过程的正常进行所必需的辅助生产活动，如工艺装备的制造、能源供应、设备维修等。

4) 生产服务过程。是指原材料的组织、运输、保管、储存、供应及产品包装、销售等过程。

为了便于组织生产和提高劳动生产率，取得更好的经济效益，现代工业趋向于专业化协作，即将一种产品的若干个零部件分散到若干专业化厂家进行生产，总装厂只从事主要零部件生产及产品总装调试。如汽车、摩托车行业大都采用这种模式进行生产。

(2) 工艺过程

工艺过程是指生产过程中直接改变生产对象的形状、尺寸、相对位置和性质等，使之成为成品或半成品的过程。如毛坯制造、机械加工、热处理、表面处理及装配等。它是生产过程的主体。

2. 安全用电规则具体包括什么内容？

答：安全用电规则如下：

(1) 应了解安全用电的电压。一般动力线电压是 380 V，厂房照明用电电压是 220 V，工厂用的安全电压是 36 V。

(2) 工作照明用电应采用安全电压，并且电路的绝缘装置应完好无损。

(3) 选用的电动机，要和电源电压相符，不准超负荷运行。电动机传动部分应有防护装置。

(4) 要保持电气设备的金属外壳接地或接零装置接触良好。

(5) 各种电气设备严禁带电部分裸露在外面，应有安全防护装置。

(6) 要正确选用熔丝，不准任意加大熔丝截面或以不合格的材料代用。

(7) 接触任何电气设备前，要观察电源开关是接通还是断开，以确定该设备是否带电。

(8) 不准用湿手操作开关或接触电器。

(9) 安装的电灯、开关，必须高于地面 2 m 以上。火线应接在开关上，并要防止与其他导线接触。

(10) 检修用电设备前必须切断电源，禁止带电作业，并要悬挂“禁止合闸”等警告牌。

(11) 发生用电事故（触电、火灾等）时，应首先切断电源，然后再抢救或灭火。

3. 为什么规定 36 V 电压为安全电压？

答：通过人体的电流大小与触电电压和人体的电阻有关，而人体的电阻与触电部位皮肤表面的干湿情况、接触面积的大小及身体素质有关。通常人体电阻为 800 Ω 到几万欧姆不等，个别人最低电阻为 600 Ω 左右，当皮肤出汗，有导电液或导电尘埃时，人体电阻还要小。

若人体电阻以 800 Ω 计算，则人体接触 40 V 电压时，流过人体的电流可达 50 mA。可见人体触及 40 V 以上的工频电压就有危险，所以规定 36 V 以下的电压为安全电压。

4. 什么是保护接地？它有什么作用？

答：把电动机、变压器、铁壳开关等电气设备的金属外壳，用电阻很小的导线和埋在地下的接地电极可靠地连接，叫保护接地。一般接地电阻应小于 4 Ω。通常使用埋在地中的铁棒、钢管或自来水管作接地极。

由于保护接地使金属设备的外壳与大地连成一体，万一电气设备绝缘损坏，发生漏电而使金属外壳带电，这时如人体触及外壳，由于人体电阻较接地电阻大得多，所以几乎不会有电流通过人体，防止工作人员发生触电事故。

5. 什么是保护接中线？它有什么作用？

答：把电气设备的金属外壳接到线路系统中的中性线上，叫做保护接中线。

当电气设备的外壳接中线后，如果有一相因绝缘损坏而碰壳时，则该相短路，使线路上的熔丝烧断，或使其他保护电器动作而迅速切断电流，免除触电危险。

6. 触电的形式有哪几种？遇到他人触电应采取哪些应急措施？

答：触电的形式一般有三种，即单相触电、两相触电和跨步电压触电。其中单相触电又可分为中性线接地和中性线不接地两种。

当有人触电时，如在开关附近，应立即切断电源；如附近无开关，应尽快用干燥木棍等绝缘物体打断导线或挑开导线使其脱离触电者，绝不能用手去拉触电者。如伤者脱离电源后已昏迷或停止呼吸，应立即实施人工呼吸并送医院抢救。

7. 除电气设备的保护接地和保护接中线外，在工作中还应如何避免发生触电事故？

答：为了避免发生触电事故，在工作中还应注意以下几点：

（1）不允许用手触摸裸露导体、绝缘破损的导线及接线端。

（2）修理电气设备和用具时，应不带电操作。如必须带电操作，则应采取安全措施，如站在橡胶板上，或穿绝缘鞋、戴绝缘手套等。

（3）手电钻、电风扇等电气设备的金属外壳都必须有专门的接零导线。

（4）工作灯、机床照明灯等，应使用安全电压（36 V以下）。

8. 高速旋转的零件、部件为什么要进行平衡？

答：机器中的旋转件（如带轮、飞轮、叶轮、砂轮以及各种转子和主轴部件等），由于材料密度不匀、本身形状对旋转中心不对称，加工或装配产生误差等原因，在其径向各截面上产生不平衡（通常称原始不平衡），即重心与旋转中心发生偏移。当旋转件旋转时，此不平衡量会产生一个离心力，离心力随着旋转而不断周期性改变方向，使旋转中心的位置无法固定，于是就引起了机械振动。这样会使设备工作精度降低，轴承等有关零件的使用寿命缩短，同时会使噪声增大，严重时还会发生事故。因此为了确保设备的运转质量，凡转速较高或直径较大的旋转件，即使几何形状完全对称，也常要求在装配前进行平衡，以抵消或减小不平衡的离心力，保证达到一定的平衡精度。

9. 什么叫静不平衡？什么叫动不平衡？

答：旋转件在径向各截面上有不平衡量，而这些不平衡量产生的离心力通过旋转件的重心，不会产生引起旋转件的轴线倾斜的力矩。这种平衡称静不平衡。

旋转件在径向各截面上有不平衡量，且这些不平衡量产生的离心力将形成不平衡的力矩。所以旋转件不仅会产生垂直轴线方向的振动，而且还会发生使旋转轴线倾斜的振动，这种不平衡便是动不平衡。

10. 密封性零件为什么要做密封性试验？常用的密封性试验方法有哪些？

答：对于某些要求密封的零件，如机床的液压元件、液压缸、阀体、泵体等零件，要求在一定压力下不发生漏油、漏水和漏气的现象，也就是要求在一定的压力下具有可靠的密封性。而零件在铸造过程中出现的砂眼、气孔及疏松等缺陷，常使气体或液体产生渗漏。因此这些零件在装配前应进行密封性试验，否则将给机器的质量带来很大的影响。

常用的试验法有气压法和液压法两种。

11. 装卸、搬运作业安全操作规程的主要内容是什么？

（1）严格遵守易燃、易爆及危险化学品装卸运输的有关规定。装卸粉散材料及有毒气散发的物品，应使用必要的防护用品。

（2）工作前应认真检查所用工具是否完好可靠，不准超负荷使用。

（3）装卸时应做到轻装轻放，重不压轻，大不压小，堆放平稳，捆扎牢固。

（4）人工搬运、装卸物件应视物件轻重配备人员。杠棒、跳板、绳索等工具必须完好可靠。多人搬运同一物件时，要有专人指挥，并保持一定间隔，一律顺肩，步调一致。

（5）堆放物件不可歪斜，高度要适当，对易滑动件要用木块垫塞。不准将物件堆放在安全道内。

（6）用机动车辆装运货物时，不得超载、超高、超长、超宽。条件所限不得不超高、超宽、超长装运时，应遵守交通安全管理规定，采取可靠措施并使用明显标志。

（7）装车时，随车人员要注意站立位置。车辆行驶时，不准站在物件和前拦板之间。车未停妥不准上下。

（8）装卸货物应挂规定吊点，起吊装箱件时应先检查箱休脚是否牢固完好，按吊线标志吊挂，并经试吊确认稳妥后方能起吊。

（9）使用卷扬机、钢管滚动滑移货物时，要有专人指挥，路面要坚实平整，绳索套结要找准重心，保持直线行进，有棱角快口部位应设垫衬，卸车或下坡应加保险绳，货物前后和牵引钢丝绳边不准站人。

(10) 装运易燃易爆危险化学品严禁与其他货物混装。要轻搬轻放，搬运场地不准吸烟。车厢内不准坐人。

(11) 装卸时，应根据吊位变化，注意站立位置。严禁站在吊物下面。

(12) 铁路车辆装运物件，不得超过车厢允许高度和宽度。铁路两侧 1.5 m 以内，不得堆放装卸物件，不准在车厢底下或顶上休息。

(13) 在高拦板车厢装卸货物起重驾驶员无法看清车厢内的指挥信号时，应设中间指挥，正确传递信号。

◎**事故案例**

案例一：

2006 年某月某日上午，某市郊区一村级砖瓦厂厂长安排机修班长王某更换搅拌机内的铰刀，王某随即带领何某某、吴某等 3 名工人开始干活。11 时左右，王某又喊来开完推土机的姚某和何某两人更换第 1 道搅拌机的铰刀。由于无处落脚，他们只有蹲在狭小的机槽内干活。之后，修理好第 2 道搅拌机的吴某换下了姚某。就在此时，机器突然运转起来。姚某立即大声招呼停电。但为时已晚，吴某和何某已被卷进去。在新更换的刀片上挂着血淋淋的肉块和碎衣服布，现场极其惨烈。

案例二：

2006 年某月某日，某厂青工甲与乙闲聊手头的零件加工任务，甲抱怨机床陈旧，离合器不灵活，停车位稍有偏差主轴就会反转，维修工弄了几次也没调合适。乙认为自己可以帮甲调好。乙就用一只手拿螺丝刀拨压弹簧，用另一只手扭可调螺母。这时，主轴突然飞转，将乙的两手多指绞成粉碎性骨折。

案例三：

某厂工人范某在使用卷板机时，发现滚筒振动并发出声响，便去检查测听滚筒轴承和齿轮。范某打开滚筒后部的大齿轮安全护罩，见齿轮是因为没有油才发出声响，便取来干油在转车时用毛刷蘸干油为齿轮抹油。抹油时齿轮咬合处一下子将毛刷带进，范某措手不及右手也被带进至手腕处，范某死命强拽将被绞碾粉碎的右手拽掉。

第2章 机加工通用安全知识

12. 什么叫机加工？机加工经常使用的设备有哪些？

答：机加工是机械加工的简称，是指通过加工机械精确去除多余材料或使材料发生形状变化的加工工艺。

机械加工主要有手动加工和数控加工两大类。手动加工是指通过机械工人手工操作车床、铣床、刨床、磨床、钻床、镗床、冲床等机械设备来实现对各种材料进行加工的方法。手动加工适合进行小批量、简单的零件生产。数控加工是指机械工人运用数控设备来进行加工。这些数控设备包括加工中心、电火花线切割设备、螺纹切削机等。目前，绝大多数的机加工车间已采用数控加工技术。通过编程，把工件在笛卡儿坐标系中的位置坐标（X，Y，Z）转换成程序语言，数控机床的 CNC 控制器通过识别和解释程序语言来控制数控机床的轴，自动按要求去除材料，从而得到精加工工件。数控加工以连续的方式加工工件，适合于大批量、形状复杂的零件。

车床主要用于加工各种回转表面和回转体的端面。如车削内外圆柱面、圆锥面、环槽及成形回转表面，车削端面及各种常用的螺纹，配有工艺装备还可加工各种特形面。在车床上还能做钻孔、扩孔、铰孔、滚花等工作。

铣床是一种用途广泛的机床。在铣床上可以加工平面（水平面、垂直面）、沟槽（键槽、T形槽、燕尾槽等）、分齿零件（齿轮、花键轴）、螺旋形表面（螺纹、螺旋槽）及各种曲面。

刨床主要分为牛头刨床、龙门刨床、单臂刨床及专门化刨床（如刨削大钢板边缘部分的刨边机、刨削冲头和复杂形状工件的刨模机）等。

磨床，是用磨料磨具（砂轮、砂带、油石或研磨料等）作为工具对工件表面进行切削加工的机床，统称为磨床。磨床可加工各种表面，如内外圆柱面和圆锥面、平面、齿轮齿廓面、螺旋面及各种成形面等，还可以刃磨刀具和进行切断等，工艺范围十分广泛。

钻床是具有广泛用途的通用性机床，可对零件进行钻孔、扩孔、铰孔、锪平面和攻螺纹等加工。

镗床适用于机械加工车间对单件或小批量生产的零件进行平面铣削和孔系加工，其主轴箱端部设计有平旋盘径向刀架，能精确镗削尺寸较大的孔和平面。此外还可进行钻、铰孔及螺纹加工。

冲床可使板料产生分离或变形，是一种无切削的加工，广泛应用于汽车、拖拉机、电动机、仪器仪表等制造部门。

13. 机加工生产过程中存在哪些危险因素和有害因素？

答：在机加工生产过程中，能对人造成伤亡或对物造成突发性损坏的因素为危险因素，在机加工生产过程中，能影响人的身心健康，导致疾病（含职业病），或对物造成慢性损坏的因素为有害因素。在机床上对金属、塑料和其他材料制成的毛坯进行切削加工时，产生许多危险和有害的因素，恶化了劳动卫生条件。

（1）危险因素。主要是各种机床的运动部分、运动着的工件、被加工材料的切屑、刀具的碎片、被加工件和刀具表面的高温以及可能通过人体发生短路的高压电等。

（2）有害因素。主要是切削过程中工作区域空气含尘量和有害气体含量过高、噪声和振动超标、存在着直射眩光和反射眩光等。

14. 机加工生产过程中常发生的伤害事故有哪些？其原因是什么？

答：在机加工生产过程中常发生的伤害事故主要有：

（1）刺、割伤。造成这种伤害事故主要有两个因素：一是加工刀具锋利的刀刃，二是加工件上或毛坯上的毛刺和锐角。操作者一不小心，很容易发生触碰，造成刺、割伤。另外，在切削金属时，高速飞溅的铁屑很容易刺伤操作者的眼睛、面部等。

（2）绞伤。金属切削机械大都存在旋转部件，当操作者未按要求着装时，容易引发缠绕和绞伤伤害，如操作者穿宽松肥大的衣服操作或袖口、裤口未扎紧，戴手套操作等，都容易引起绞伤事故。

（3）切割和擦伤。金属切削机械高速运动的锐利部分会造成对人体的切割和擦伤危险。如高速旋转的刀具和工件，都可能对人体造成切割和擦伤伤害。

（4）物体打击。高空落物及工件或砂轮高速旋转时沿切线方向飞出的碎片，往复运动的冲床、剪床等，都可导致人员受到物体打击伤害。

（5）烫伤。加工切削下来的高温切屑崩溅到人体的暴露部位上可导致人员烫伤。

（6）触电。金属切削设备都属于带电设备，如果设备接地不良，容易造成操作人员触电。

造成以上几种伤害事故的原因可归纳为以下几个方面：

（1）人的不安全行为。工作时操作人员注意力不集中，思想过于紧张，对机器结构及所加工工件性能缺乏了解，操作不熟悉，操作时不遵守安全操作规程，以及不正确使用个人防护用品和设备的安全防护装置。

（2）设备的不安全状态。机床设计和制造存在着缺陷，机床部件、附件和安全防护装置的功能退化等，机床的这些不安全状态，均能导致伤害事故。

（3）环境的不安全因素。如工作场地照明不良、温度或湿度不适宜、噪声过高、设备布局不合理、备件摆放凌乱等，都容易造成事故。

（4）安全管理因素。如教育培训不够，安全操作规程不健全，对现场工作缺乏安全检查，外来人员造成的影响等。

15. 机加工设备应装有哪些安全防护装置?

答：安全防护装置是用于隔离人体与危险部位和运动物体的，它是机加工设备结构的组成部分，在机械传动部位，均应安装可靠的防护装置。主要防护装置有：

（1）防护罩。其作用是将机床的旋转部位与人体隔开，防止人体某部位受伤。

（2）防护挡板。其作用是隔离磨屑、车屑、刨屑、铣屑等各种切屑和切削液的飞溅。

（3）防护栏杆。是指对某些不能在地面操作的机床设备，在其危险区域、高处、走台处安设栏杆，容易伤人的大型机床运动部位，如龙门刨床床身两端也应加设栏杆，以防撞人。栏杆结构应符合《固定式工业防护栏杆》(GB 4053.3—1993）的规定。

在危险性很高的部位，防护装置应设计成顺序连锁结构。当取下或打开防护装置时，机床的动力源就被切断。

防护装置可以是固定式的（如防护栏杆），或平日固定，仅在机修、加油润滑或调整时才取下的（如防护罩）；也可以是活动式的（如防护挡板）。在需要时还可以用一些大尺寸的轻便挡板（如金属网）将不安全场地围起来。

16. 机床的保护装置和制动装置有哪些？各有什么作用？

（1）机床过载保险装置。机床过载保险装置多种多样，每种装置通常分为三部分：感受元件、中间环节和执行机构。感受元件对所检参数的变化作出反应，并通过中间环节传令给执行机构以实现保险。所有这些部分可以组成一个部件，成为一个直接作用的保险装置，或位于保险对象的不同位置而成为间接作用的保险系统。

（2）行程限位保险装置。为使运动件、刀具完成行程，到达预定位置后能自动停止，常采用行程限位保险装置。

（3）动作联锁装置。它的作用之一是控制各种运动指令按顺序进行，上一个动作未完成，下一个动作不能开始。另外还可控制机构互锁，如车床溜板箱内设置的联锁机构能防止丝杆、光杆同时传动。

（4）意外事件联锁保险装置。当突然断电时，其补偿机构（如蓄能器、止回阀等）立即起作用，使机床停车。

17. 机床在布局上有哪些安全要求？

答：机床在布局上的安全要求有：

（1）布局应避免上重下轻，应便于操作者装卸工件、观察加工过程、排屑以及使用冷却润滑液等。机床立面和平面上，操作件应布置在方便操作的位置上。

（2）操纵件的运动方向应符合规定：

1）操纵件与被操纵的机床部件运动方向一致；

2）操纵件顺时针回转，被操纵部件远离，反之靠近；

3）操纵件顺时针回转，被操纵部件向右或向上移动，反之向左或向下移动；

4）操纵件顺时针回转，刀具与工件靠近，反之远离。

18. 在开始机加工工作前应做哪些准备工作？

答：开始切削加工工作前应做以下准备工作：

（1）穿工作服，扎紧袖口，头发压在工作帽内。戴护目镜，防止飞崩的切屑和飞溅的切屑液伤眼。

（2）检查工作地，了解前班中机床使用情况。

（3）检查木质脚踏板状态。

（4）检查手工具状态（如锉刀把应有金属环，以防劈开扎手；扳手要合适）。

（5）布置工作场地，按左、右手习惯放置工具、刀具等，毛坯、零件要堆放好。

（6）检查本机床专用起重设备状态。

（7）检查机床状况。如固定式防护装置的牢固性，电动机导线、操作手把、手轮、冷却润滑软管等是否和机床运动件及回转刀具相碰等。

（8）合闸，接上电源，打开照明灯。

（9）空车检查启动和停止按钮、手把、润滑冷却系统。进一步根据加工工艺要求调好机床。

（10）大型机床需两人以上操作时，必须明确主操作人员负责统一指挥、互相配合。

19. 机加工工作中应遵守哪些安全操作规程？

答：为保证安全，机加工过程应遵守如下安全操作规程：

（1）被加工件的重量、轮廓尺寸应与机床的技术性能数据相适应。

（2）被加工件重量大于 20 kg 时，应使用起重设备。

（3）在工件回转或刀具回转的情况下，禁止戴手套操作。

（4）紧固工件、刀具或机床附件时要站稳，勿用力过猛。

（5）每次开动机床前都要确认对任何人都无危险，机床附件、加工件以及刀具均已固定可靠。

（6）机床在工作过程中不能变动其手柄和进行测量、调整以及清理等工作。操作者应观察加工进程。

（7）如果在加工过程中形成飞起的切屑，为安全起见，应设防护挡板。从工作地和机床上清除切屑和防止切屑缠绕在被加工件或刀具上不能直接用手，也不能用压缩空气吹，而要用专门的工具。

（8）正确地安放被加工件，不要堵塞机床附近通道，要及时清扫切屑，工作场地特别是脚踏板上，不能有冷却液和油。

（9）当用压缩空气作为机床附件驱动力时，废气排放口应对着远离机床的方向。

（10）经常检查零件在工作地或库房内堆放的稳固性，当将这些零件移到运箱中时，要确保其位置稳定以及运箱本身稳定。

（11）离开机床时，甚至是短时间离开，也一定要关电门停车。

（12）当电绝缘出现发热异味、运转声音不正常时，要迅速停车检查。

20. 切屑形成的过程是怎样的？

答：切削加工时，金属材料受到刀具的作用，开始产生弹性变形。随着刀具继续切入，金属内部的应力、应变继续加大。当应力达到材料的屈服点时，开始沿一定方向滑移而产生塑性变形。刀具继续前进，应力进而达到材料的断裂强度，材料便会沿一个方向挤裂。此时，应力迅速下降，重新开始了弹性、塑性变形以至挤裂的过程。最后，被挤裂的金属脱离工件本体，沿着刀具的前刀面流出而成为切屑。

21. 常见的切屑有哪几种？

常见的切屑有以下几种：

（1）崩碎切屑。加工铸铁等脆性材料时，一般只经过弹性变形、挤裂和切离三个阶段，切屑就突然崩落而形成崩碎切屑。崩碎切屑对刀尖的冲击力较大，刀尖容易损坏，而且工件表面质量较差。

（2）带状切屑。当以大前角的刀具、较高的切削速度和较小的进给量切削塑性材料时，则形成带状切屑。此时，切削力平稳、加工表面较光洁。但带状切屑不太安全，也容易划伤工件表面，因此要采取断屑措施。

（3）节状切屑。当以较低的切削速度粗加工中等硬度的钢材时，容易形成节状切屑。

22. 机加工过程中产生的切屑有哪些危害？应采取哪些防护措施？

答：切屑的体积是工件加工余量的 2～9 倍，它对操作安全的影响很大，例如锋利的切屑能对人体未加防护的部位造成刺、割伤，高速飞出的切屑碎片对人体造成打击伤，高温切屑崩溅到人体的暴露部位可导致人员烫伤，带状切屑还可导致缠绕伤人。

根据切屑的危害性与其形状、排除和运输方式有关，可从以下几方面进行防护：

(1) 控制切屑的形状，使带状切屑折断成小段卷状，不致缠绕伤人。具体措施有：改变刀具的角度、安设断屑装置等。

(2) 在刀具附近安装排屑器，控制切屑流向，使切屑按预定方向排出，不飞崩。

(3) 在机床上安装透明防护挡板，不但可防切屑伤人，而且不影响工人的观察与操作。

23. 普通机床上常见的低压电器分哪几类？

低压电器按其作用可分为控制电器和保护电器两类。控制电器，如开关、按钮和接触器，是用来控制电动机的启动和停止的。保护电器则在电路中起保护作用，如熔断器用做短路保护，热继电器用做电动机的过载保护。

低压电器按其动作方式又可分为手动电器和自动电器两类。按钮、闸刀开关都是通过人手操纵而动作，又称为手动控制电器；接触器、热继电器是由电路中电流变化而动作的，称为自动控制电器。

24. 使用铁壳开关应注意哪些事项?

为了保证安全用电，铁壳开关装有机械联锁装置，因此当箱盖打开时，就不能用手柄操纵开关合闸；合闸后不能再把箱盖打开。此外，铁壳还应可靠接地，以防止因漏电引起操作者触电。

25. 机床工安全操作规程的主要内容是什么?

（1）加工工件时，必须扎紧袖口，束紧衣襟。严禁戴手套、围巾或敞开衣服操作旋转机床。

（2）检查设备上的防护装置是否完好和关闭。保险、联锁、信号装置必须灵敏、可靠，否则不准开动。

（3）工件、夹具、工具、刀具必须装卡牢固。

（4）开车前要观察周围动态，有妨碍运转、传动的物件要先清除，加工点附近不准有人站立。机床开动后，操作者要站在安全位置上，以避开机床运动部位和切屑飞溅。

（5）机床停止前，不准接触运动工件、刀具和传动部件。严禁隔着机床运转、传动部分传递或拿取工具等物品。

（6）调整机床行程、限位，装夹拆卸工件、刀具，测量工件，擦拭机床都必须停车进行。

（7）机床导轨面上、工作台上不得放工具或其他物品。

（8）不准用手直接清除切屑，应采用专门工具清理。

（9）两人或两人以上在同一机台工作时，必须有一人负责统一指挥。

（10）发现设备出现异常情况，应立即停车检查。

（11）不准在机床运转时离开工作岗位。因故要离去必须停车，并切断电源。

（12）正确使用工具，要使用符合规格的扳手，不准加垫块和任意用套管。

（13）使用起吊工具时，必须遵守挂钩工安全操作规程。工件堆放不得超高。

（14）工作完毕，应将各类手柄扳回到非工作位置，并切断电源和及时清理工作场地的切屑、油污，保持通道畅通。

26. 铆接作业安全操作规程的主要内容包括哪些？

（1）工作前仔细检查所使用的各种工具。检查大小锤、平锤、冲子及其他承受锤击之工具顶部有无毛刺及伤痕，锤把是否有裂纹痕迹，安装是否结实。各种承受锤击之工具顶部严禁在淬火情况下使用。

（2）进行铲、剁、铆等工作时，应戴好防护眼镜，不得对着人进行操作。使用风铲，在工作间断时必须将铲头取下，以免发生事故。噪声超过规定时，应戴好防护耳塞。

（3）工作中，在使用油压机、摩擦压力机、刨边机、剪板机等设备时，应先检查设备运转是否正常，并严格遵守该设备安全操作规程。

（4）凿冲钢板时，不准用圆的东西（如铁管子、铁球、铁棒等）做下面的垫铁，以免滚动将人摔伤。

（5）用行车翻工作物时，工作人员必须离开危险区域，所用吊具必须事先认真检查，并必须严格遵守行车起重安全操作规程。

（6）使用大锤时，应注意锤头甩落范围。打锤时要瞻前顾后，对面不准站人，防止抡锤时造成危险。

（7）加热后的材料要定点存放。搬动时要用滴水试验等方法检查材料是否冷却，冷却后方可用手搬动，防止烫伤。

（8）用加热炉工作时，要注意周围有无电线或易燃物品。地炉熄灭时应将风门打开，以防爆炸。熄火后要详细检查，避免复燃起火。加热后的材料要定点存放。

（9）装铆工件时，若孔不对也不准用手探试，必须用尖顶穿杆找正，然后穿钉。打冲子时，在冲子穿出的方向不准站人。

（10）高处作业时，要系好安全带，遵守高处作业的安全规定，并详细检查操作架、跳板的搭设是否牢固。对圆形工件工作时，必须把下面垫好。有可能滚动时上面不准站人。

（11）远距离扔热铆钉时，要注意四周有无交叉作业的其他工人。为防止行人通过，应在工作现场周围设置围栏和警示牌。接铆钉的人要在侧面接。

（12）连接压缩空气管（带）时，要先把风门打开，将气管（带）内的脏物吹净后再接。发现堵塞要用铁条通开时，头部必须避开。气管（带）不准从轨道上通过。

（13）捻钉及捻缝时，必须戴好防护眼镜；打大锤时，不准戴手套。

（14）使用射钉枪时，应先装射钉，后装钉弹。装入钉弹后，不得用手拍打发射管，任何时候都不准对着人体。若临时不需射击，必须立即将钉弹和射钉退出。

27. 机床大修后对安全防护装置的质量要求有哪些？

机床大修后对安全防护装置的质量要求有以下几点：

（1）设备上各部分超负荷安全装置的弹簧、配重块、保险销等应按有关规定予以调整配齐，不得随便调整、更换尺寸或使用不合适的材料，安全装置的动作应灵活可靠。

（2）对机床运动中有可能松脱的零件，应有防松装置。车床上卡盘的保险卡大修后应完整、齐全、可靠。

（3）露在外面的齿轮、带轮、飞轮等应有合适的防护罩，砂轮应有更坚固的防护罩。

（4）所有防护罩必须用螺钉可靠地固定，不得用铁丝、布条等捆绑。防护罩不得与设备的运转部分有任何摩擦和接触。

（5）设备移动部分的行程限位装置应齐全可靠。

（6）各滑动导轨的两端应装有防尘、防切屑的毡垫。毡垫应清洗干净，保持与导轨面紧贴，外加金属压板予以固定。

（7）要求把电动机的旋转方向用箭头标示在适当零件的外部。

第3章 车削加工安全知识

28. 车削加工时的不安全因素有哪些？发生车削加工伤害事故的原因是什么？

答：车削加工的不安全因素主要来自两个方面：

（1）工件及其夹紧装置（卡盘、花盘、鸡心夹、顶尖及夹具）的高速旋转。

（2）车削过程中所形成的边缘锋利的、温度较高的切屑。

车削加工时，发生伤害事故的原因可归纳为如下几个方面：

（1）操作者没有穿戴合适的防护服、防护帽和护目镜，使过分肥大的衣物或长头发卷入旋转部件中。

（2）操作者与旋转的工件或夹具，尤其是与不规则工件的凸出部分相撞击或者是在未停车的情况下，用手去清除切屑、测量工件、调整机床造成伤害事故。

（3）被抛出的崩碎切屑或带状切屑打伤、划伤或灼伤。

（4）工件、刀具没有夹紧，开动车床后，工件或刀具飞出伤人。

（5）车床局部照明不足或其灯光放置位置不利于操作者观察操作过程，而产生错误操作导致伤害事故。

（6）车床周围布局不合理，卫生条件不好。

29. 车削加工时，如何防止工件及其装夹装置造成的伤害事故?

答：在车削加工时，暴露在外的旋转部分，如工件的旋转运动、装夹工件的拨盘、卡盘、鸡心夹等的旋转都有可能对操作者造成伤害。为防止这类伤害事故发生，应采取如下两方面的措施：

(1) 对车床的回转附件设置如下防护装置：

1) 卡盘、花盘的防护装置。使用卡盘或花盘安装工件时，主要危险部分是卡盘爪，卡盘爪旋转时有可能钩住操作者的衣服，引起伤害事故。为防止这类伤害，可安装卡盘安全防护罩将卡盘爪罩起来。车床工作时，防护罩关闭。工人安装工件或调整车床时可将防护罩打开。

2) 拨盘、鸡心夹的防护措施。车床上拨盘连同鸡心夹共有三个突出的危险部分：拨盘的拨杆、鸡心夹的尾端、夹头螺钉的头部。在转动时，三部分之一的任何一部分都可能钩住操作者的衣服或使手卷入转动部分，引起伤害事故。同时，这些凸出的部分还有可能击伤操作者的手或身体的其他部位。应对这些危险因素，可设置的安全装置有：

安全型鸡心夹头：安全型鸡心夹头与普通鸡心夹的区别在于它没有凸出部分，周围有轮缘，旋转时不会钩住操作者的衣服或其他部位。

安全拨盘：安全拨盘做成杯状，杯的边缘可以起保护作用。采用安全拨盘时，可用一般鸡心夹，但是这种杯状拨盘的外表面光滑。

(2) 工件的安装要符合安全要求：

1) 装卸卡盘要在停机后进行，不可用电动机的力量来取卡盘。

三爪、四爪卡盘较重，在安装或卸下时应预先在车床导轨上垫好木板，或采用专用装置，以防失手砸伤导轨。

严禁使用卡爪滑丝的卡盘。

卡盘夹紧工件后，必须及时取下卡盘扳手，以免开车时飞出伤人或砸伤机床，也可使用安全扳手。

移动车刀至车削行程的左端，用手旋转卡盘，检查刀架等是否与卡盘或工件碰撞。

2）用顶尖装夹工件时，要注意使顶尖与中心孔完全一致，不能用破损或歪斜的顶尖。使用前应将顶尖、中心孔擦干净，后尾座顶尖要顶牢。

应注意防止后顶尖与中心孔由于摩擦发热过大而磨损或烧坏，并选用适当顶尖。安装顶尖时，必须先擦净锥孔和顶尖，然后用力推紧，否则装不牢固。

利用顶尖拨盘安装工件时，开车前应将刀架移至车削行程左端，用手转动拨盘检查是否会与刀架碰撞。

3）车削细长工件时，为保证安全，应采用中心架或跟刀架，长出车床部分应有标志。应用跟刀架或中心架时，工件被支撑部分要加机油润滑，转速不能很高，以免使工件与支撑爪之间摩擦过热而烧坏或磨损支承爪。

4）在六角车床、半自动和自动车床上经常加工长棒料，棒料露在车床外面，转速很高，人一旦接触到它，就有可能被卷入或打伤。为防止这类事故，应采用安全装置，将旋转着的棒料与人隔离。

5）用花盘、弯板安装工件时，由于重心偏向一边，要在另一边加上平衡铁予以平衡，以减少转动时的振动，消除由此而存在的不安全因素。

6）采用六角车床时，经常产生有害健康的噪声。噪声源是放棒料的导管。可采用双壁管，间壁放吸声材料，管壁上涂覆弹性材料等方法降低噪声。

30. 车床刀具在安装和使用时要注意哪些安全问题？

答：（1）车削外圆面、端面等时，车刀安装在方刀架上，刀尖一般应与车床中心等高。车刀在方刀架上伸出的长度一般应小于 2 倍刀体高度，垫片要放得平整，片数不宜太多（少于 2～3 片），要用两个螺钉来压紧车刀。这样才能保证切削时刀具稳固，不会折断，避免事故。

（2）在车床上进行切断工作时，因切断刀头窄而长，很容易折断。为此，要注意切断刀的安装，使刀尖与工件中心等高。工件的切断处应距卡盘近些，以免切断时工件振动并避免在顶尖上切断。操作时，进给要均匀，即将切断时，必须放慢进给速度，以保证安全。

（3）在车床上镗孔时，镗刀杆应尽可能粗些。安装镗刀时，伸出刀架的长度应尽量小，刀尖要略高于主轴中心，以减小颤动和扎刀现象。此外，如刀尖低于工件中心，也往往会使镗刀下部碰坏孔壁。为防止镗孔和切内螺纹时刀具折断，可采用保护装置。

（4）在车床上钻孔前，必须先车平端面。为防止钻头偏斜折断，可先用车刀划一坑或用中心钻钻中心孔作为引导，钻孔时应加冷却液。孔将钻通时，须减低进给速度，以防钻头折断。

（5）除车床上装有在运转中自动测量的量具外，均应停车测量工件，并将刀架移到安全位置。

（6）在用砂布打磨工件表面前，要把刀具移到安全位置，并注意不要让手和衣服接触工件表面。磨内孔时不可用手指支持砂布，应用木棍代替，同时车速不宜太快。

31. 车床操作工应遵守哪些安全操作规程？

答：为保证车削加工的安全，操作者应做到：

(1) 必须经过培训，持证上岗，未能取得上岗证的人员不能单独操作车床。

(2) 穿紧身防护服，袖口扣紧，长发要戴防护帽，操作时不能戴手套。切削工件和磨刀时必须戴防护眼镜。

(3) 开机前，首先检查油路和转动部件是否灵活正常，夹持工件的卡盘、拨盘、鸡心夹的凸出部分最好使用防护罩，如无防护罩，操作时要注意保持距离，不要靠近，以免绞住衣服及发生碰撞事故。开机时要观察设备运转是否正常。

(4) 车刀要夹牢固，吃刀深度不能超过设备本身的负荷，刀头伸出部分不要超出刀体高度的 1.5 倍，垫片的形状、尺寸应与刀体形状、尺寸相一致，垫片应尽可能少而平。转动刀架时要把车刀退回到安全位置，防止车刀碰撞卡盘。在机床主轴上装卸卡盘应在停机后进行，不可借用电动机的力量取下卡盘。

(5) 加工大工件时，床面上要垫木板。用吊车配合装卸工件时，夹盘未夹紧工件时不允许卸下吊具，并且要把吊车的全部控制电源断开。工件夹紧后车床转动前，须将吊具卸下。

(6) 使用砂布磨工件时，砂布要用硬木垫，车刀要移到安全位置，刀架面上不准放置工具和零件，划针盘要放牢。加工内孔时，不可用手指支持砂布，应用木棍代替，同时速度不宜太快。

(7) 变换转速应在车床停止转动后进行，以免切屑碰伤齿轮，开车时，车刀要慢慢接近工件，以免切屑末崩伤人或损坏工件。

（8）除车床上装有运转中自动测量装置外，均应停车测量工件，并将刀架移动到安全位置。

（9）工作时间不能随意离开工作岗位，禁止玩笑打闹，有事离开必须停机断电，工作时思想要集中，不能在运转中的车床附近更换衣服，禁止把工具、夹具或工件放在车床床身上和主轴变速箱上。

（10）工作场地应保持整齐、清洁，工件存放要稳妥，不能堆放过高，铁屑应用钩子及时清除，严禁用手拉，电器发生故障应马上断开总电源，及时请电工检修，不能擅自乱动。

32. 自动、半自动车床车工安全操作规程的主要内容是什么？

答：安全操作规程的主要内容为：

（1）必须遵守普通车工安全操作规程。

（2）气动卡盘所需的空气压力，不能低于规定值。

（3）装工件时，必须放正，气门夹紧后再开车。

（4）卸工件时，等卡盘停稳后，再取下工件。

（5）机床各走刀限位装置的螺钉必须拧紧，并经常检查防止松动。夹具和刀具须安装牢靠。

（6）加工时，不得用手去触动自动换位装置或用手去摸机床附件和工件。

（7）装卡盘时要检查卡爪、卡盘有无缺陷。不符合安全要求严禁使用。

（8）自动车床禁止使用锉刀、刮刀、砂布打光工件。

（9）加工时，必须将防护挡板挡好。发生故障、调整限位挡块、换刀、上料、卸工件、清理铁屑都应停车。

（10）机床运转时不得无人照看，多机管理时（自动车床），应逐台机床巡回查看。

33. 落地车床车工安全操作规程的主要内容是什么?

答：落地车床车工安全操作规程的主要内容为：

(1) 遵守机床工一般安全规程。

(2) 装卸工件要与行车工配合好，动作要协调，以防工件装卸不当发生事故。装卸及测量时要停车切断电源。开车时人要站在安全位置，工作场地要清洁畅通。

(3) 刀架处不准探头伸手，人体不准碰触花盘、工件。

(4) 花盘上的附件要紧固牢靠，不得松动。

(5) 加工过的产品应放在不妨碍工作和通行的地方。摆放要稳妥，容易滚动的工件要垫稳。

(6) 装卸工件及操作位置的地面上如有油污应及时清除。

(7) 停车时要先退刀，然后停止床头转动。

34. 车工除应认真执行《安全操作规程》外，还应注意消除哪些事故因素?

答：车工除应认真执行《安全操作规程》外，还应注意消除以下易引发事故的因素：

(1) 大机床需要两个人操作，不管是工件找正，还是加工中的测量，两人的动作一定要协调，不得一人开动机床，而另一人正找正或测量。

(2) 车削螺纹需要安装挂轮时，在安装挂轮之前，一定要将机床电源切断，然后再将与主轴连接的齿轮拆开，避免别人无意开车而使正在安装挂轮的工人受伤。

(3) 用砂布抛光工件时，不得将手心向上，把中指放在砂布与工件之间。应把手心向下，五指都放在工件和砂布之上。

(4) 在用花盘、角铁装夹工件时，称铁的过孔直径不得超过螺钉 2 mm，如果过孔很大，由于振动或离心力的作用使称铁松动，活动量太大容易发生事故。

(5) 使用超出主轴的细长轴加工时，不得开高速车，以防超出部分甩弯损坏设备或碰伤别人。

(6) 卡盘扳子在装夹或松落工件后一定要拿下来，不得放在卡盘上。

(7) 使用中心架装夹工件时，不得直接用中心架调中，要先找正后，再用中心架。由于主轴的旋转中心与中心架的支持中心不一定在一条线上，如果工件不找正而直接用中心架，则当工件旋转时可能出现画圈现象，使工件从卡盘上向外抛出造成事故。

35. 车床的日常维护保养一般包括哪些内容？

答：车床的日常维护保养包括以下内容：

(1) 在装夹工件前应先把工件上的泥沙等杂质清除掉，以免杂质嵌进拖板滑动面磨损或“咬坏”导轨。装夹或校正一些外形尺寸大、较重、形状复杂而装夹面又较小的工件时，应预先在工件下面的车床床面上垫放木板，同时用压板或活顶针顶住工件，以防工件掉下砸坏床面。校正时，若发现工件位置不正确或歪斜，切忌用力敲击，以免影响车床的主轴精度。

(2) 工具和车刀不得乱放在床面上，以免损坏导轨。

(3) 装夹复杂工件时，如在花盘和角铁上装夹工件结束时，必须检查装夹是否紧固、质量是否对称（必要时加配重块），并清理床面，把重物拿开。

(4) 校正三爪卡盘时，不能用铁榔头直接敲击，必须垫上较软的垫块或用木榔头进行敲击。若偏差较大，宜略松法兰盘上卡盘的紧固螺钉，待校正后再紧固。

(5) 使用装有顺倒车开关的车床时，不要突然开倒、顺车，以免损坏机件。

(6) 高速切削前，卡盘一定要装好保险块，防止倒车时卡盘脱落。

(7) 变换主轴转速前必须停车，以免损坏床头箱内齿轮。

(8) 砂光工件前，要在工件下面的床面上用床盖板或纸盖住，并在砂完后仔细擦净床面。

(9) 每班下班时要做好车床清洁工作，防止切屑、砂粒或杂质进入导轨工作面。

(10) 使用冷却润滑液前，必须清除车床导轨及冷却润滑液里的污垢，使用后要把导轨上的冷却润滑液擦干，并加机油进行润滑保养。

(11) 按规定在机床所有需要润滑的部位加油润滑。

36. 车床不工作时，床鞍等部件为何要停在床身尾部?

答：因为床身导轨的精度要求很高，尽管床身刚性较大，但也要尽可能地减少外部载荷引起的床身变形。在不工作时，将床鞍等有较大重量的部件移至尾部有床腿支撑的床身尾端，就能减少床身变形，达到保护床身导轨精度的目的。

37. 切削液在切削过程中有什么作用?

答：切削液在切削过程中可以起到以下作用：

（1）降低温度。切削液能够吸收大量的热量，从而减少工件由于温度变化所产生的误差。

（2）提高表面质量，减少刀具磨损。因为切削液的分子一遇到金属，就会附在其表面上，形成一层薄膜，减少了刀具与切屑和工件间的摩擦。此外，切削液还可以冲走切屑，防止切屑损坏工件表面。

（3）减小切削力。因为切削液会往金属缝里钻，帮助扩大切削时刀具切入金属所产生的裂缝，使切屑比较容易脱开本体。

38. 车削加工中，怎样断屑？

答：生产中使用的断屑措施很多，归纳起来主要有下列几种：

（1）改变刀具几何参数达到断屑的目的，主要有：

1）减小前角。因为前角减小后，可以使切屑与刀具前面的接触长度变短，切屑变厚，从而促进切屑折断。

2）增大主偏角。在其他条件一定的情况下，主偏角增大，切削厚度加大。厚的切屑，其内外层的变形差别大，这种差别会引起切屑卷曲。卷曲变形大，则容易折断。

3）主切削刃上磨出负侧棱。在刀具的主切削刃上磨出负侧棱后，可以增大切削区的塑性变形，对断屑有利。

（2）改变切削用量达到断屑的目的，主要有：

1）增大进给量。这样可以使切屑厚度增大，切屑变形加大，从而容易折断。

2）减小切削速度。这样可以加大切屑变形，有利于切屑折断。

（3）采用断屑器进行强制断屑。采用改变刀具几何角度和切削用量的方法，达到断屑的效果往往受到切削效率和加工质量的限制，有一定的局限性。想有效地增加切屑变形，以利于断屑，还必须在前面作出卷屑槽或上相当于卷屑槽的挡屑板，来强迫切屑卷曲折断。

39. 车床夹具的设计原则是什么？

答：车床夹具的设计原则有以下几点：

（1）要保证工件达到图样上所要求的精度。定位基准最好跟设计基准重合；夹紧力要与支撑点对应，防止工件变形；夹具的制造精度要满足工件的要求等。

（2）保证使用安全。车床夹具要在旋转情况下，甚至是在高速旋转情况下工作，所以夹具体应设计成圆形，装在夹具体上的元件都不能超出夹具体的最大外径，必要时要增设防护罩。夹具上的连接件必须牢靠，以防旋转时甩出。夹具与机床连接要有定位阶台，以防切削力过大时剪断连接螺栓而造成事故。

（3）夹具旋转时应当平衡。不平衡的夹具不仅影响加工精度，而且影响机床的寿命，同时又是一个不安全因素。一般可以采用加平衡配重的方法来使其平衡。

（4）夹具的最大旋转半径必须小于主轴中心高度。

40. 车削螺纹时产生扎刀的主要原因是什么？

答：车削螺纹时产生扎刀的原因主要有以下几点：

（1）刀杆强度低或伸出过长，刚性不足造成扎刀。为此，在车削外螺纹时最好采用弹簧刀杆以减小振动；车削内螺纹时，应选用较好的刀杆材料或菱形截面刀杆，来增强刚性。

（2）螺纹车刀刀尖一般应对准工件中心；低于中心较多时，容易发生扎刀。为了补偿误差，用硬质合金车刀高速车削螺纹时，允许刀尖略高于中心；用高速钢车刀低速车削螺纹时，允许刀尖略低于中心。

(3) 刀具接触面积大或进给量不匀时，也容易产生振动，发生扎刀现象。特别是在刀尖磨损严重时，进给量过大会发生扎刀，把加工表面“啃”去一块。车削塑性材料螺纹时，过大的背吃刀量和直进法的较大进给量，也会产生扎刀。

(4) 机床各部分间隙过大，容易产生扎刀；但是间隙过小，操作不灵活，容易发生事故。所以要调整恰当，特别是主轴轴承和拖板斜铁部分的间隙不能过大。

(5) 车刀正前角不宜过大，否则径向切削力会把车刀拉向切削表面而造成扎刀。特别是在车削梯形螺纹时，可采用负前角车刀将刀装高的方法来改变切削力的方向，防止扎刀。

(6) 工件刚性不足也会导致扎刀，所以车削刚性差的外螺纹工件时，可采用左右进刀法进给，以减少接触面积，改善切削力状况。

41. 车削细长轴时应考虑哪些问题?

答：一般把长径比（轴的长度与直径之比）大于 20 的轴类工件称为细长轴。车削细长轴时，应考虑以下几点：

(1) 细长轴刚性差，车削过程中，在切削力、本身重量和离心力的作用下，极易产生弯曲和振动，加工起来很困难，长径比越大，加工越困难。因此，为提高刚性，加工细长轴一般采用中心架或跟刀架。

(2) 因为细长轴各部分质量对转动中心分布不均匀，加工时转速越高，离心力越大，工件越易引起振动，致使表面质量下降，甚至造成无法加工。因此，加工细长轴一般采用较低的切削速度。

(3) 车削细长轴一次进给的时间较长，车削热量大部分传给工件，使工件温度升高，产生轴向伸长变形，温度越高，伸长越大。若工件两端用顶尖装夹（或一端用卡盘一端用顶尖），轴向伸长会使工件弯曲，也使加工质量下降。因此，对要求较高的细长轴类工件，要考虑伸长量的补偿问题。

（4）选择车刀几何参数时，要考虑以下问题：

1）尽量减小切削力，尤其是减小径向切削力，因为径向力是产生切削振动的主要原因。为此，细长轴车刀一般选用大前角和大主偏角。为减小径向力、避免振动，有的细长轴车刀甚至选用93°主偏角。

2）选择正刃倾角。一方面可控制切屑流向待加工表面，另一方面也可减小径向力，避免振动。

3）刀面切削刃要具有较细的粗糙度。车刀要经过研磨，经常保持刀口锋利。

4）选择较小的刀尖圆弧半径（一般半径小于0.3 mm）。刀尖半径越小，径向力越小，越不易引起振动。

5）降低工件切削温度，一般使用切削液。

◎事故案例

案例一：

1998年5月19日，江苏省一个体机械加工厂，车工郑某和钻工张某两人在一个仅9 m² 的车间内作业，他们的两台机床的间距仅0.6 m，当郑某在加工一件长度为1.85 m的六角钢棒时，因为该棒伸出车床长度较大，在机床高速旋转下，该钢棒被甩弯，打在了正在旁边作业的张某的头上，等郑某发现立即停车时，张某的头部已被连击数次，头骨碎裂，当场死亡。

案例二：

2006 年某月某日，四川省资阳市某机械厂女车工李某来到车间，将头天做好的工件交给下道工序的仁某，因为手里暂时没有零件加工，也未穿戴任何防护用品，便叫徒弟彭某一起过来看仁某操作。由于仁某先进厂，技术好，李某想带徒弟一起从他那里学点技术。

当李某招呼徒弟一起看仁某操作时，不慎被车床脚踏板绊倒，头发绞在飞速旋转的车床光杆上，头皮一下撕裂开。10 多分钟后，120 急救车赶来，将李某从车床解救下来送往医院。经抢救，李某脱离生命危险，但经初步判断，缝合的头皮不能成活，头发不能再生。

案例三：

2007 年 4 月某日，江苏省大丰市某机械制造公司下属机加工车间车床操作工倪某（为某校刚毕业的学生，进厂一年）工作时只穿工作服，未戴护目镜，低头观察进刀时，一只眼睛被高速飞溅的铁屑击伤，其工友发现后，立即将其送往当地医院救治。经诊断，被击伤的一只眼睛眼球晶体流失，造成永久失明。

案例四：

2002 年某月某日 15 时 27 分，某机械加工厂一车间车工徐某准备在他的 C630 车床上加工密封环，需要把四爪卡盘更换成三爪卡盘。由于卡盘比较重，他就把尼龙绳套在卡盘的外圆上，利用天车吊往车床的主轴上装配。徐某开着车床，让它以 12 r/min 的速度缓慢旋转，然后请一名工友帮助，两个人扶着卡盘，吊车吊着卡盘，努力让卡盘中心孔内（阴）螺纹对准车床主轴外（阳）螺纹。一旦对准，依靠螺纹配合原理，卡盘“自动”地被“配合”安装到主轴上。但是，不但没有如愿，而且，徐某的大拇指被挤压在尼龙绳与卡盘外圆表面之间，卡盘转了近一圈，手才脱开，大拇指被严重压伤。送职工医院然后再转大医院治疗，直接花销费用 3 万多元。

案例五：

某公司机加工车间三级车工张某，在 C620 车床上加工零部件。当时磁铁座千分表放在车床外导轨上，他用 185 r/min 的车速校好零件后，没有停车右手就从转动零部件上方跨过去拿千分表。由于身体靠近零部件，衣服下面两个衣扣未扣，衣襟散开并被零部件的凸出支臂钩住。一瞬间，张某的衣服和右部同时被绞入零部件与轨道之间，头部受伤严重，后经抢救无效死亡。

案例六：

某年某月某日上午，某工厂车工甲在车床上加工零件。他把长条圆钢夹紧后，就开机工作。加工过程中发现车身移位倾斜，于是直接去固定车床。甲到车床边上将垫片垫入车床后起身时，被长条圆钢击中头部倒地。邻近同事发现后，立即关闭总电源，将其抱起，其头骨已经裂开，出血严重，立刻被送往医院，终经抢救无效死亡。造成该事故的原因是，甲使用的原材料过长，车床转速过快（1 200 r/min）。在离心力的作用下，钢条渐渐弯曲，车床振动，致使车身移位倾斜。甲在未停车情况下直接进行维修，起身时被弯曲且高速旋转的长条圆钢击中头部。

第4章 铣削加工安全知识

42. 铣削过程有哪些特点?

答：铣削过程的主要特点如下：

(1) 铣刀每个刀齿的切削工作是断续进行的，因此铣削过程中有周期性的振动，同时刀齿在周期性冲击下容易崩损。

(2) 间断切削有利于降低切削温度，但刀齿在工作过程中的温度变化剧烈容易产生裂纹。

(3) 铣削过程中，刀齿的切削厚度是变化的，特别是逆铣，刀齿开始切入时的切削厚度很小。切削刃要在工件上经一段滑擦后才能切下切屑，不仅刀具易磨损，而且消耗的功率也较大。

(4) 铣刀的容屑、排屑空间较小。

(5) 铣刀有几个刀齿同时工作，且每个刀齿的切削面积都在变化着，因此，切削力也是变化的。特别是铣刀的各刀齿很难保证在同一圆周或同一端面上，这就更加剧了铣削过程的不平稳性。

43. 端铣法和周铣法分别有什么特点?

答：端铣法和周铣法各自特点如下：

(1) 端铣时，刀具与工件的接触角较大，同时工作齿数多，故铣削过程比较平稳。周铣时，刀具与工件的接触角一般较小，铣刀的同时工作齿数少，每个刀齿在切入和切出时，铣削力会明显地产生波动，因而铣削过程的平稳性较差。如果加大刀具的螺旋角，可以改善铣削的平稳性。

（2）端铣时，铣刀的装夹刚性好，切削过程中不易产生振动。

（3）端铣的生产效率高。这是因为端铣时，多使用硬质合金面铣刀，可以采用较高的切削速度。在选用机夹不重磨面铣刀时，刀片的更换及转位十分方便，可以大大缩短换刀时间。此外，硬质合金面铣刀的直径较大，能够高效铣削较大的平面。

（4）硬质合金面铣刀具有较长的寿命，而且在加修光齿后，加工面可以获得较低的粗糙度值。

（5）圆柱铣刀的前角较大，选用较大螺旋角时，具有很好的切削效果，可以对一些难加工材料（如不锈钢、耐热合金等）进行铣削加工。

44. 什么是顺铣和逆铣？其各自特点如何？

答：周铣中，刀齿与工件接触后，刀齿的运动方向与工件的进给方向相同时，称为顺铣。刀齿的运动方向与工件的进给方向相反时，称为逆铣。

顺铣和逆铣的各自特点如下：

（1）逆铣时，每个刀齿的切削厚度都是由小到大逐渐变化的。当刀齿刚与工件接触时，切削厚度为零，只有当刀齿在前一刀齿留下的切削表面上滑过一段距离，切削厚度达到一定数值后，刀齿才真正开始切削。顺铣时的切削厚度是由大到小逐渐变化的，刀齿在切削表面上的滑动距离也很小。而且顺铣时，刀齿在工件上走过的路程也比逆铣短。因此，在相同的切削条件下，采用逆铣时，刀具易磨损。

(2) 顺铣时，刀具作用在工件上的垂直分力的方向向下，这对保证工件装夹的可靠性较为有利。逆铣时，刀具作用在工件上的垂直分力的方向向上，有把工件从工作台上掀起的趋势。切削力较大时，会影响工件安装的可靠性，也容易产生振动。

(3) 逆铣时，由于铣刀作用在工件上的水平切削力方向与工件进给运动方向相反，所以工作台丝杠与螺母能始终保持螺纹的一个侧面紧密贴合。而顺铣时则不然，由于水平铣削力的方向与工件进给运动方向一致，当刀齿对工件的作用力较大时，由于工作台丝杠与螺母间间隙的存在，工作台会产生蹿动，这样不仅破坏了切削过程的平稳性，影响工件的加工质量，而且，严重时会损坏刀具。

(4) 逆铣时，由于刀齿与工件间的摩擦较大，因此已加工表面的冷硬现象较严重。

(5) 顺铣时，刀齿每次都是由工件表面开始切削，所以不宜用来加工有硬皮的工件。

(6) 顺铣时的平均切削厚度大，切削变形较小，与逆铣相比功率消耗要少些。

45. 操作铣床过程中应注意的事项有哪些?

答：操作铣床过程中应注意的事项有以下几点：

(1) 在铣床上安装工件、夹具和附件时，必须清除和擦净台面以及夹具或附件安装面上的铁屑和脏物，以免影响加工精度。

(2) 操作时，先使主轴旋转，然后开动进给运动。在铣刀还没有完全离开工件时，不许先停止主轴旋转。

(3) 在铣床运转时不要变换主轴转速，必须停车后再扳动变速手柄。变速时应将变速手柄放在正确位置，不能放在两个速度中间，以免打坏齿轮。

（4）纵向进给时，应将垂直和横向移动的夹紧手柄锁紧；作横向进给时，则把垂直移动的手柄锁紧，这样可增加切削中的稳定性，有利于提高加工质量。

（5）操纵普通铣床时，不要使用快速进给使铣刀与工件接触，一般应在铣刀离工件 50 mm 左右时改为正常进给速度，以防止铣刀和工件撞击在一起。

（6）限制铣床工作台行程的挡铁不应随意卸掉，防止进给中工作台超越距离而损坏进给机构。

（7）在铣床的底座上不要放工具等物品，防止下降工作台时被顶住而损坏机件。

（8）工作结束时，应使铣刀脱离工件，将手柄置于空挡位置，并对铣床、铣刀、夹具的工作状态作一般性检查；然后切断电源，清扫铣床，并在导轨面上浇以润滑油后再进行交班。

（9）经常认真做好铣床的维护和保养工作。铣床的工作台面和导轨面都是精确的表面，要防止重物冲击和碰撞，遇到重物或粗糙毛坯面必须在台面上垫块木板，并且要轻放。

如果发现铣床变速箱内有杂音、主轴轴承发热等异常情况，必须立即停车排除故障，切勿勉强继续工作。要按照规定对铣床进行检查和计划维修。

46. 铣削加工中有哪些不安全因素？应如何防止事故发生？

答：铣床工作中，铣床刀具一般情况下作快速旋转运动，工件作缓慢的直线运动，即进给运动。因此不安全因素主要是高速旋转的铣刀和铣削时产生的切屑。另外，由于铣削是多刃切削，受力不均时易产生振动和噪声。

高速旋转的刀具和刀轴可能将操作工人的手或衣服卷入铣刀和工件之间，造成伤害事故。为防止此类事故，可在旋转的铣刀上安装防护罩。除安装防护装置外，还应严格避免工人的手靠近转动的铣刀。为此，切削液导管上应装有手柄，手柄应设置在危险区域以外。

铣床工作时所产生的切屑，一般是针状的宽螺旋形碎块，切屑飞出时易伤人。特别是在卧式铣床上由上向下铣时，或立式铣床上铣刀位置较高时，危险性较大。在这种情况下，为了防止切屑飞溅伤人，工人应戴防护眼镜或装防护罩。

47. 铣床操作工应遵守哪些安全操作规程?

答：在铣床上工作时必须严格遵守下列安全规程：

（1）工人应穿紧身工作服，袖口扎紧；女同志要戴防护帽；高速铣削时要戴防护镜；铣削铸铁件时应戴口罩；操作时，严禁戴手套，以防将手卷入旋转刀具和工件之间。

（2）操作前应检查铣床各部件、电器部分及安全装置是否安全可靠，检查各个手柄是否处于正常位置，并按规定对各部位加注润滑油，然后开动机床，观察机床各部位有无异常现象。

（3）工作时，先开动主轴，然后作进给运动，在铣刀还没有完全离开工件时不应先停止主轴旋转。机床运转时，不得调整、测量工件和改变润滑方式，以防手触及刀具碰伤手指。

（4）作一个方向进给时，最好把另两个移动方位的紧固手柄销紧以减少工作时的振动，有利于提高加工精度。

（5）在机动快速进给时，要把手轮离合器打开，以防手轮快速旋转伤人。在铣刀旋转未完全停止前，不能用手去制动。

（6）铣削中不要用手清除切屑，也不要用嘴吹，以防切屑损伤皮肤和眼睛。

（7）装卸工件时，应将工作台退到安全位置，使用扳手紧固工件时，用力方向应避开铣刀，以防扳手打滑时撞到刀具或夹具。将沉重的工件和夹具搬上工作台时，一定要轻放，不许撞击，并且不要在台面上作任何敲击动作。

（8）把工件、夹具和附件安装在工作台时，必须清除和擦净台面以及夹具附件安装面上的铁屑和脏物，以免影响加工精度，同时应经常换位置，以使丝杆和导轨磨损均匀。

（9）装拆铣刀时要用专用衬垫垫好，不要用手直接握住铣刀。在卧式铣床上安装铣刀时，应尽量使它靠近主轴，以减少心轴和横梁的变形。

（10）注意选择合适的铣削用量，铣削用量应和机床使用说明书所推荐的数据相适应。

（11）工作完毕后，应清洗机床、加油，检查手柄位置，以及对机床夹具、刀具等作一般性检查，发现问题要及时调整或修理，不能自行解决时应向班长反映情况。

48. 铣边机安全操作规程的主要内容是什么？

（1）开车前，必须穿好工作服，扣好衣袖。

（2）用毛刷清理机台、托料架、导轨上的所有铁屑、棉纱、边角余料等杂物。

（3）将工具、卡具、量具及工件在不妨碍作业的地方，摆放整齐。

（4）检查主轴箱、减速器、液压箱中油位，不可低于标准线。

（5）各润滑部位加入纯净润滑油。

（6）接通控制电源，分别按下启动按钮，检查继电器、电磁阀是否正常。

（7）启动电动机，检查转向是否正确，各运转声响是否正常。

（8）启动油泵，鉴别油泵运转状态是否正常，检查压力表所指压力是否正常。

（9）转入空运转，检查主轴箱、减速箱工作正常，液压管路无漏油现象，油缸活塞无漏油、爬行现象存在。

（10）铣削工件前，应将板材压紧固定。

（11）调整铣削速度和进给量，在铣削过程中不得调节，必须调节时，应停止进给，将溜板退回后再作调整。

（12）铣削过程中，严禁测量工件，严禁清理铁屑，严禁在横梁两侧传递物品。

（13）铣削作业完毕，应将溜板退至右端，停止进给，停止油泵，切断电源。

（14）每班作业完毕，应清理好工、卡、量具。

◎事故案例

案例一：

某单位机修车间刚入厂 5 个月的女工成某，在立铣床上帮师傅干活。下午快下班时，师傅到工具库去，让她看着车床。到下班时，她急于回家，在停止车床前，就用冷却立铣刀的肥皂水洗手。由于其双手接近旋转着的铣刀，右手的小指和四指不幸被绞掉，造成重伤。

案例二：

某厂机械加工车间铣床女工王某，早上上班前就穿戴了女工工作帽、护目境、耐油橡胶手套、胶围裙、工作服、袖套等劳动防护用品。8 时 30 分左右，王某在万能铣床上加工产品时，发现刀轴上有毛刺不能安装铣刀，于是启动主轴，用戴着耐油橡胶手套的右手，拿着砂布对刀轴进行砂光，一瞬间，带有键槽的刀轴将王某的耐油橡胶手套和手臂缠绕，并且整个身体被缠绕而升离地面，上身衣服被缠绕精光，王某拼命用头部顶着滑枕挣扎，最后右手臂折断才避免整体翻转而保住了性命。

案例三：

某年某月某日上午，某厂检修车间大修一电解槽，检修工甲、乙、丙三人用移动铣床清洗平行母线阳极接触面，甲为工作负责人。甲指挥乙更换刀头，在乙放下工具调整刀头间隙时，甲合闸试转，致使乙左手被手套带进刀面，造成左手中指远端指面肌肉损伤，需进行植皮治疗。

第5章 刨削加工安全知识

49. 刨削加工有哪些特点？其应用范围主要是什么？

答：刨削加工是金属切削加工方法之一。它是利用刨床，通过刨刀和工件之间的相对运动来完成切削加工，目的是改变毛坯尺寸和形状，使之成为合格的零件。

在牛头刨床上进行刨削时，刀具的往复运动是主运动，工件的间歇运动是进给运动。在龙门刨床上进行刨削时，刀具的间歇运动是进给运动，工件的往复运动是切削过程中的主运动。

刨削主要适宜于加工各种水平的、垂直的和倾斜的平面，各种直槽、T型槽、燕尾槽以及各种直线的成形面等。

刨削加工与其他切削加工相比特点是：

（1）工件或刀具进行主运动时无进给运动，故刀具角度不因切削运动而发生变化。

（2）刨削加工运动是往复运动，因而限制了切削速度的提高，一般牛头刨床切削速度不大于 80 m/min，龙门刨床切削速度不大于 100 m/min。

（3）刨削加工的切削过程是间断切削，刀具在空返回程中能得到自然冷却。

（4）切削过程中有冲击，冲击的大小与切削层面积、被加工材料的力学性能、切削速度有关。

因此，刨削加工生产率较低，在大批量生产中逐渐被铣削与拉削代替。但在加工狭长面和进行多刀和多件加工时，刨削生产率并不低于铣削。同时，由于切削速度低和有一次空行程，使产生的切削热少，散热条件好，除特殊情况外，一般不使用切削液。

刨削加工的应用范围：

在当前社会经济发展条件下，刨削多用于单件小批生产及修配工作。

50. 刨床上刨刀和工件的装卡要注意哪些安全问题？

答：刨床的主运动是往复运动且速度较慢，因此从设备方面看，危险性较车床等小，主要的不安全因素在刀具、工件装卡方面。

刨刀安装安全注意事项：由于刨削加工的不连续性，刨刀切入工件时受到较大的冲击力，所以刀杆应较车刀粗。装卡时刀头伸出要尽量短。刨刀往往做成弯头，以便刀具碰到工件表面上的硬点时能转动，使刀刃离开工作表面，不至于损坏刀刃及加工表面。

工件装卡安全注意事项：

（1）用平口钳装卡小型工件，其安全注意事项为：

1）工件的被加工面必须高出钳口，否则要用平行垫铁垫高工件。

2）为了使装卡牢固，防止刨削时工件走动，必须将比较平整的平面紧贴在垫铁和钳口上。

3）用手挪动垫铁检查夹紧程度，如有松动，说明工件与垫铁之间贴合不好，应重新夹紧。

4）刚性不足的工件需要支实，以免夹紧时工件变形或破损。

（2）用压板、螺栓装卡：用于装卡较大的或形状特殊的工件，其安全注意事项为：

1）压板的位置要安排得当，压点的位置要靠近切削面，压力大小要合适，并且在工件前端加挡铁以防止切削中工件移动。

2）工件如果放在垫铁上，要检查工件与垫铁是否贴紧。若没有贴紧，必须垫上纸和钢皮，直到贴紧为止。

（3）用专用夹具装卡：用于成批生产，其安全注意事项的基本原则与平口钳、压板、螺栓装卡相同。

51. 刨床的日常维护有哪些内容?

答：刨床的日常维护一般包括以下内容：

（1）操作者应熟悉刨床主要结构、传动、润滑系统，熟悉一般调整、维护常识，按规定的安全技术操作规程操作。

（2）按规定时间向机床各规定部位加清洁润滑油，保持润滑油箱清洁。

（3）保持各部位清洁，尤其是导轨。防止切屑、灰尘损坏导轨面。

（4）加工过程中严禁变速。

（5）严禁在工作台或平虎钳上敲击工件，也不能堆放工件或其他用具。

（6）开车前应检查各部位，包括各操纵手柄是否正常，各控制挡铁、行程开关位置是否正确。

（7）严禁长时间超负荷工作。

（8）需长时间停车时，牛头刨床滑枕、工作台、龙门刨床工作台、垂直刀架等都要移到使其他件受力小和变形小的位置，切断电源，并且将操作手柄扳至空挡。

(9) 操纵时，随时观察，发现问题及时调整及维修。

52. 牛头刨床和龙门刨床在使用中分别有哪些不安全因素?

答：牛头刨床和龙门刨床在使用中存在的不安全因素分别为：

(1) 牛头刨床存在的不安全因素：牛头刨床为小型刨床，应用较广。刨削加工时，滑枕带动刨刀所作直线往复运动是主运动，工作台带动工件所作的间歇运动是进给运动。每个往复运动中，刀具都要重新切入工件。刀具受冲击较大，易使刀具崩刃或工件滑出，造成伤害事故；滑枕则可能使操作者的手挤在刀具与工件之间，或将操作者身体挤向固定物体，如墙壁、柱子及堆放物等。

在刨床工作中，切屑飞溅的危险程度要比车床的切屑危害小。在牛头刨床上，如果工人脸部凑近切屑部位，切屑便会引起伤害事故。因此必须戴防护眼镜或在机床架上装防护挡板。在牛头刨床上工作时，地面上的切屑也很危险，可以割破或刺破工人的脚，故需在牛头刨床工作台面上安装集屑器。

(2) 龙门刨床存在的不安全因素：龙门刨床为大型刨床，其工作台带动工件沿床身导轨作往复直线进给运动。其不安全因素主要是运动的工作台撞击操作者或将操作者压向固定物体。另外，由于加工大型零件，工人往往站在工作台上调整工件或刀具，于是机床失灵会造成伤害事故。

53. 牛头刨床安全检查的主要内容有哪些?

答：牛头刨床安全检查的内容主要包括：

(1) 设备检查

1）变速手柄应操作灵活、挡位分明、定位可靠，失灵时必须及时修复。

2）滑枕手动方头轴处应设有安全保险装置，能将方头轴上使用过的手柄自动推出。

3）调整滑枕行程不得超出机床允许的范围。

4）刀架必须牢固地安装在滑枕前部，不得有摇晃现象。紧固螺栓、螺母必须齐全完好。

5）工作台必须牢固地固定于横梁滑板上，前部固定于支架上，横梁应紧密地压紧在床身导轨上，不得有松动现象。

6）工作台应平整，台面上不得放置工、量具及其他杂物。

7）机床上的照明灯应采用安全电压供电。照明变压器应有接地（零）保护。

8）三角胶带应有防护罩，固定牢靠。

9）滑枕护板必须牢固地安装在床身上。

10）机床工作台前部应设置防护网或防护挡板，并搁置稳当，以防飞出的切屑伤人。

11）应设置木质脚踏板。

（2）操作检查

1）工件装夹要牢固，增加虎钳夹固力应用接长套筒，不得用铁榔头敲打扳手。

2）刀具不得伸出过长，刨刀要装牢，工作台上不得放置工具。

3）调整牛头冲程要使刀具不接触工件，要用手摇动经历全行程进行试验。溜板前后不许站人。

4）机床调整好后，随时将摇手柄取下。

5）刨削过程中，头、手不要伸到车头前检查，不得用棉纱擦拭工件和机床转动部位。车头不停稳，不得测量工件。

6）清扫铁屑只允许用毛刷，禁止用嘴吹。

7）装卸较大工件和夹具时必须请人帮助，防止滑落伤人。

8）必须将刀架退离工件后，方准启动工作台。

54. 龙门刨床安全检查的主要内容有哪些?

答：龙门刨床安全检查的内容主要包括：

（1）设备检查

1）工作台运行速度应能自动调整，即在刀具切入和切出工件时能自动减速。避免撞崩刀具和工件边缘而伤人。

2）如工件、夹具外形超出工作台，其超出部分必须小于工作台边缘到立柱或横梁的水平距离，以免动作时发生碰撞。此外，还必须采取适当的防护措施，以防人体触碰而引起伤害。

3）横梁夹紧装置动作应灵活可靠，横梁在升降前夹紧装置自动松开；升降完成后，则自动夹紧。

4）机床上所有固定结合面必须紧密贴合，定位准确，固定牢靠，不得松动。

5）必须设有工作台、横梁和刀架的限位装置，其动作必须灵敏、可靠。

6）保险装置必须有足够的强度，定位可靠，撞过一次后，必须重新检查。调整该装置的准确性，并固紧。

7）所有操纵手柄、手轮应有明显的挡位标示牌及定位装置。压紧手轮用的螺栓、螺母应齐全、完好，并固紧。

8）灯光信号装置的功能应良好。

9）液压电动机组应设防护罩。

10）工作台前刨削防护板必须安装牢固。

11）工作台前、后必须应有防护栏杆，其高度不得低于 800 mm。

（2）行为检查

1）工件装夹要牢固，压板、垫铁要平稳，并注意龙门宽度。工件装夹好后，开一次慢车，检查工件和夹具是否能安全通过。

2）正式开车前，须将行程挡铁位置调节适当和紧固，并取下台面上所有的杂物。

3）开车后严禁将头、手伸入龙门及刨刀前面，不准站在台面上，更不准跨越台面。严禁在两头护栏内通过。多人操作时需要由一人指挥，动作要协调。

4）工件装卸及翻身要选择安全地方，注意锐边毛刺割手，应和行车工、挂钩工密切配合。

5）开车后若要重新调节行程挡铁，测量工件，清扫铁屑，必须先停车。

6）清除铁屑只许用刷子，禁止用压缩机气吹。

（3）作业环境检查

机床周围地坑应用盖板盖好，盖板应坚固，定位可靠，防滑。

55. 插床安全检查的主要内容有哪些？

答：插床安全检查主要包括以下内容：

（1）设备检查

1）操纵手柄应操纵灵活，挡位分明，动作准确，当扳到空挡位置时能迅速停止滑枕运动。操纵手柄失灵时及时修复。

2）调整滑枕行程时应使刀具不接触工件，并用手转动飞轮，检查滑枕插头移动位置是否正确，滑枕的往复应平稳、可靠，无阻滞。

3）刀架部分所有零件应齐全完好，螺钉、螺母不得滑丝、乱扣，垫板应平直，如有缺、裂和变形不得继续使用。

4）工作台应能进行圆周分度，分度后必须将锁紧螺母旋紧。

5）工作台应平整，台面上不得放置工、量具及其他杂物。

6）进给机构上的摇杆装置、拉杆以及棘轮机构应齐全完好。进给量调整后，必须将 T 形螺栓、螺母拧紧，螺纹不得有滑丝、乱扣现象。

7）进给拉杆下端套用的保险弹簧，必须能够在工作台遇有故障时自行停止进给。

8）所有操作手柄、手轮必须完整，灵活好用，定位可靠。变速、换向机构应有明显的挡位标志牌及定位装置。

9）三角胶带和棘轮防护罩应齐全、完好。

（2）行为检查

1）使用的扳手与螺母必须相符，用力要适当，防止滑倒。

2）装夹工件要选好基准面，压板、垫铁要平稳可靠，压紧力要适当，保证工件在切削中不松动。

3）直线运动（纵向、横向）和圆周运动的工作台，不允许三向同时动作。

4）禁止在运动中变换滑枕速度、滑枕行程和插程位置。滑枕调好后必须锁紧。

5）工作中操作者的头部不许伸入滑枕冲程中观察加工情况。

6）工作台和机床导轨上不允许放置杂物。

7）清除铁屑应用毛刷，禁止用嘴吹。

8）测量工件或清理铁屑，必须停车进行。

9）工作完毕后垂直滑轨要用木头支住，防止自动滑下（适用于液压传动），各手柄放至“空位”。

56. 刨床操作工应遵守哪些安全操作规程？

答：为了确保刨削加工时的操作安全，工作中必须遵守下列规程：

（1）工作时应穿工作服，戴工作帽，头发应塞在工作帽内。

（2）开机前必须认真检查机床电气与转动机构是否良好、可靠，油路是否畅通，润滑油是否加足。

（3）工作时的操作位置要正确，不得站在工作台前面，防止切屑及工件落下伤人。

（4）工件、刀具及夹具必须装夹牢固，刀杆及刀头尽量缩短使用，以防工件“走动”，甚至滑出，使刀具损坏或折断，甚至造成设备事故和人身伤害事故。

（5）刨床安全保护装置，均应保持完好无缺，灵敏可靠，不得随意拆下，并要随时检查，按规定时间保养，保持机床运转良好。

（6）机床运行前，应检查和清理遗留在机床工作台面上的物品，机床上不得随意放置工具或其他物品，以免机床开动后，发生意外伤人。应检查所有手柄和开关及控制旋钮是否处于正确位置。暂时不使用的其他部分，应停留在适当位置，并使其操纵或控制系统处于空挡位置。

（7）机床运转时，禁止装卸工件、调整刀具、测量检查工件和清除切屑。机床运行时，操作者不得离开工作岗位。观测切削情况，头部和手在任何情况下不能靠近刀的行程之内，以免碰伤。

（8）不准用手去抚摸工件表面，不得用手清除切屑，以免伤人及切屑飞入眼内，切屑要用专用工具清扫，并应在停车后进行。

(9) 牛头刨床工作台或龙门刨床刀架作快速移动时，应将手柄取下或脱开离合器，以免手柄快速转动损坏或飞出伤人。

(10) 装卸大型工件时，应尽量用起重设备。工件起吊后，不得站在工件的下面，以免发生意外事故。工件卸下后，要将工件放在合适位置，且要放置平稳。

(11) 工作结束后，应关闭机床电气系统和切断电源。所有操作手柄和控制旋钮都扳到空挡位置，然后再做清理工作，并润滑机床。

57. 插床工安全操作规程的主要内容是什么？

答：插床工安全操作规程的主要内容为：

(1) 对设备机构、电气部分各操作手柄以及防护装置等全面检查，保证良好，否则严禁运行。

(2) 使用的扳手与螺母必须相符，用力要适当，防止滑倒。

(3) 装夹工件要选好基准面。压板、铁垫要平稳可靠，压紧力要适当，保证工件在切削中不松动。

(4) 直线运动（纵向、横向）和圆周运转的工作台，不允许三向同时动作。

(5) 禁止在运动中变换滑枕速度、滑枕行程和插程位置，滑枕调好后必须锁紧。

(6) 工作中操作者的头部不允许伸入滑枕冲程中观察加工情况。

(7) 工作台和机床导轨上不允许堆放杂物。

(8) 测量工件，清理铁屑，必须停车进行。

(9) 工作完毕后垂直滑轨要用木头支住，防止自动滑下（适用于液压传动），各手柄放至“空位”。

◎事故案例

2001 年某月某日，某木器厂木工李某用平板刨床加工尺寸为

300 mm×25 mm×3 800 mm 的木板。李某推送木板，另有一人接拉木板。在快刨到木板端头时，遇到节疤，木板抖动，李某疏忽，右手脱离木板而直接按到了刨刀上，瞬间李某的四根手指被刨掉。只因嫌操作麻烦，工人将防护装置取下，才酿此祸端。

第6章 钻削加工安全知识

58. 钻削加工经常发生哪些伤害事故?

答：在钻床上进行钻削加工时，主要发生以下伤害事故：

（1）旋转的主轴、钻头夹具、钻头卷住操作者的衣服。

（2）由排屑螺旋槽排出的带状钻屑随钻头一起旋转，极易割伤操作者的手。

（3）工件装夹不牢，当用手握住工件钻孔时，钻削过程中工件松动歪斜，甚至随钻头一起转动打伤人。

（4）使用钝钻头、修磨角度不良的钻头或由于钻削进给量过大等原因，使得钻头折断而造成伤害事故。

（5）钻削过程中用手摸钻头或用手清除长钻屑而发生伤害事故。

（6）卸钻头时，钻头脱落而砸伤脚。

（7）操作者没有穿戴合适的防护用品。

59. 在钻床上安装刀具、工件时应注意哪些安全问题?

答：在钻床上安装刀具、工件时应注意的安全问题有：

（1）刀具、工件必须装卡可靠、稳固。刀具安装在卡头中，卡头外表面若有凸出部分，可用可伸缩的防护装置来保证安全。

（2）小工件可用虎钳装夹，大工件用压板螺钉装夹。装夹时都应用垫铁将工件或压板垫平，以免夹紧时或钻削时工件松动，造成钻头折断引发事故。

60. 钻床操作工应遵守哪些安全操作规程？

答：为确保钻削加工的安全，操作者应注意：

（1）开机前检查电气、传动机构及钻杆起落是否灵活好用，防护装置是否齐全，润滑油是否充足，钻头夹具是否灵活可靠。

（2）钻孔时钻头要慢慢接近工件，用力均匀适当。钻孔快钻穿时，不要用力太大，以免工件转动或钻头折断伤人。精铰深孔、拔锥棒时，不可用力过猛，以免手撞在刀具上。

（3）根据工件的大小，钻孔时必须夹紧，尤其是轻体零件必须牢固夹紧在工作台上，严禁用手握住工件。钻薄工件时要用木板垫底，钻厚工件时钻口够一定深度后应清出铁屑，并加乳化液冷却，以免折断钻头，停钻前应从工件中退出钻头。

（4）使用自动走刀时，要选好进给速度，调整好行程限位块。手动进刀时，逐渐增加压力或逐渐减小压力，以免用力过猛造成事故。

（5）使用摇臂钻时，横臂回转范围内不准站人，不准有障碍物。工作时横臂必须夹紧。

（6）严禁戴手套操作，钻出的铁屑不能用手拿、用口吹，须用刷子及其他工具清扫。横臂及工作台上不准堆放物件。

（7）磨钻头时一定要戴防护眼镜，钻头、钻夹脱落时，必须停机才能重新安装。开机后不准用手摸钻头、对样板、量尺寸等。

（8）加工结束时，要将横臂降到最低位置，主轴箱靠近主轴，并且要夹紧。

(9) 工作场地要清洁整齐，工件不能堆放在工作台上，以防掉落伤人。

61. 钻削时应注意哪些安全事项?

钻削时应注意以下安全事项：

(1) 操作钻床时不得戴手套，袖口必须扎紧，长发者必须戴工作帽。

(2) 工件必须夹紧，特别是在小工件上钻较大直径孔时装夹必须牢固，孔将钻穿时，要尽量减小进给力。

(3) 开动钻床前，必须检查是否有钻夹头钥匙或斜铁插在钻轴上。

(4) 钻孔时不可用手和棉纱头或用嘴吹来清除钻屑，必须用毛刷清除；钻出长条钻屑时，要用钩子钩断后除去。

(5) 操作者的头部不准与旋转着的主轴靠得太近。停车时应让主轴自然停止，不可用手去刹住，也不能用反转制动。

(6) 严禁在开机状态下装拆工件。检验工件和变换主轴转速，必须在停车状况下进行。

(7) 清洁钻床或加注润滑油时，必须切断电源。

◎事故案例

案例一：

2002 年某月某日，陕西某煤机厂职工吴某正在用摇臂钻床进行钻孔作业。测量零件时，吴某没有关停钻床，只是把摇臂推到一边，就用戴手套的手去搬动工件。这时，飞速旋转的钻头猛地绞住了吴某的手套，强大的力量拽着吴某的手臂往钻头上缠绕。吴某一边喊叫，一边拼命挣扎，等其他工友听到喊声关掉钻床，吴某的手套、工作服已被撕烂，右手小拇指也被绞断。

案例二：

2000 年某月某日，某化肥厂机修车间，1 号 Z35 摇臂钻床。因全厂设备检修，加工备件较多，工作量大，人员又少，工段长派女青工宋某到钻床协助主操作工干活，在长 3 m 不锈钢管上钻直径 50 mm 的孔。上午 10 时左右，主操作工因故短暂离开，宋某独自开动钻床，将手动进刀方式改为自动进刀方式。由于工具夹（虎钳）紧固钢管不牢，当孔钻到 2/3 时，钢管迅速向上移动而脱离虎钳，造成钻头和钢管一起高速转动。钢管先将现场一长靠背椅打翻，再打击宋某臂部使其跌倒，宋某头部被撞伤破裂出血，缝合 5 针，骨盆严重损伤。

第7章 镗削加工安全知识

62. 镗床的主要功能是什么？其工作范围是什么？

答：镗床的主要功能如下：

镗床的主要功能是加工工件上的各种孔和孔系，特别适合于多孔的箱体类工件的加工；此外还能铣削平面、槽等；配上附件后镗床还能加工螺纹。

镗床的工作范围如下：

在镗床上加工工件时，工件是安装在工作台上固定不动的，由刀具旋转作切削主运动，其他部件的运动（工作台移动或主轴移动）来完成工件的校正、定位和各种切削加工。镗床主要是用来车、镗、铣削加工工件中的外圆、内孔及平面等。

63. 镗削加工中可能发生哪些伤害事故？其原因是什么？

答：镗削加工中，可能发生的伤害事故及其原因有以下几方面：

（1）镗床旋转着的主轴和平旋盘上的凸出部分卷拉操作者的衣服或撞击操作者身体，造成人员伤亡。

（2）在检查、测量工件时，虽已停车，但没有把刀具退到安全位置，以致刀具碰伤操作者。

（3）工件装夹不牢固，工件在镗削中松动，致使刀轴弯曲，甚至折断伤人。

（4）装夹大型工件时，操作不当，手被挤压在工具与夹具之间。

64. 镗床操作工应遵守哪些安全操作规程?

答：为了确保镗削加工的安全，操作者应注意以下事项：

（1）工作前应认真检查夹具及锁紧装置是否完好正常。

（2）调整镗床时应注意：升降镗床主轴箱之前，要先松开立柱上的夹紧装置，否则会使镗杆弯曲及夹紧装置损坏而造成伤害事故，装镗杆前应仔细检查主轴孔和镗杆是否有损伤，是否清洁，安装时不要用锤子和其他工具敲击镗杆，迫使镗杆穿过尾座支架。

（3）工件夹紧要牢固，工作中不应松动。

（4）工作开始时，应用手动给进，当刀具接近加工部位时，再用机动给进。

（5）当工具在工作位置时不要停机或开机，待其离开工作位置时，再停机或开机。

（6）机床运转时，切勿将手伸过工作台；在检验工件时，如手有碰刀具的危险，应在检查之前将刀具退到安全位置。

（7）大型镗床应设有梯子或台阶，以便于工人操作和观察。梯子坡度应不大于 50°，并设有防滑脚踏板。

65. 镗床的日常维护保养一般包括哪些内容?

答：镗床的维护保养工作主要是注意清洁、润滑和合理的操作。其日常维护保养工作一般分三个阶段进行：

1）工作开始前，检查机床各部件机构是否完好，各手柄位置是否正常；清洁机床各部位，观察各润滑装置，对机床导轨面直接浇油润滑；开机低速空运转一定时间。

2）工作过程中，主要是正确操作，不允许机床超负荷工作，不可用精密机床进行粗加工等。工作过程中发现机床有任何异常现象，应立即停机检查。

3）工作结束后，清洗机床各部位，把机床各移动部件移至规定位置，关闭电源。

◎事故案例

某年某月某日，某工厂机修车间大修工段镗工甲，用镗床加工零件，挂上自动进刀后就背向工件，不慎将身体倾靠在工件上，衣服被旋转的固定刀杆的外露螺钉绞住，身体被绞倒，致使脊椎骨折，其被邻近操作者发现并被送医院后经抢救无效死亡。固定刀杆的螺钉原是内六角螺钉，已丢失，张某用长约 40 mm 的外六角螺钉代替使用。外六角螺钉露出刀杆 30 mm，随轴转动。操作时螺钉挂住镗工甲的衣服后绞绕，致甲死亡。

第8章 磨削加工安全知识

66. 磨削加工时容易发生哪些伤害事故？其原因是什么？

答：磨削加工中易造成的伤害事故及原因主要有以下几方面：

(1) 磨削加工时，会从砂轮上飞出大量细的磨屑，从工件上飞溅出大量的金属屑。磨屑和金属屑都会使操作者的眼部受到损伤，粉尘吸入肺部也会对身体造成伤害。

(2) 由于砂轮质量不良、保管不善、规格型号选择不当、安装出现偏心，或进给速度过大等原因，磨削时可能造成砂轮的破裂，从而导致操作者遭受严重的伤害。

(3) 在靠近转动的砂轮进行手工操作时，如磨工具、清洁工件或砂轮修正方法不正确时，工人的手可能碰到砂轮或磨床的其他运动部件而受到伤害。

(4) 磨削加工时产生的噪声最高可达 110 dB，如不采取降低噪声的措施，也会影响操作者身体健康。

67. 磨削机械上应安装哪些防护装置？

答：《磨削机械安全规程》对磨削机械上应安装的防护装置作了详细规定：

（1）磨削机械上所有回转件，例如，砂轮、电动机、皮带轮和工件头架等，必须安设防护罩。防护罩应牢固地固定，其联结强度不得低于防护罩的强度。

（2）手持磨削机械上应设有工件托架，其位置应能随砂轮磨损独立进行调整，工件托架台面高度应与砂轮主轴中心线等高，并有足够的面积能保证被磨工件的稳定。工件托架靠近砂轮一侧的边棱上应无凹陷、缺角等缺陷。

（3）平面磨床工作台的两端或四周应设防护挡板，以防被磨工件飞出。

（4）带有电动、气动或液压夹紧工件装置的磨削机械应设有联锁装置，即夹紧力消失时应同时停止磨削工作。

（5）使用磨削液的磨削机械应设有防溅挡板，以防止磨削液飞溅到操作人员身上和周围的地面上。

（6）干磨用磨削机械应备有吸尘器，以便用户选购。吸尘器应能在设计允许最大磨削规范条件下使操作人员呼吸到的粉尘浓度不高于 10 mg/m^3。

68. 砂轮使用前，用户如何检查砂轮是否有破损和裂纹？

答：《磨削机械安全规程》规定：

（1）砂轮在使用前必须经使用者目测检查或音响检查有无破裂和损伤。

（2）目测检查：所有砂轮在使用前必须目测检查，其上如有破损不准使用。

（3）音响检查（敲击试验）：陶瓷结合剂砂轮在使用前应进行音响检查。检查方法是将砂轮通过中心孔悬挂（质量较小者）或放置于平整的硬地面之上，用 200～300 g 的小木槌敲击，敲击点在砂轮任一侧面上，垂直中线两旁 45°，距砂轮外圆表面 20～50 mm 处。敲打后将砂轮旋转 45°再重复进行一次。若砂轮无裂纹则发出清脆的声音，允许使用。若砂轮发出闷声或哑声，不准使用。

需要注意的是，被检查的砂轮必须干燥、无附着物，否则将影响检查结果。

69. 砂轮的安装要满足哪些安全要求？

答：《磨削机械安全规程》对砂轮的安装作了如下规定：

（1）砂轮必须自由地装到砂轮主轴或砂轮卡盘上，并保持适当的间隙。

（2）砂轮孔径过大时允许使用缩孔衬套。衬套的厚度不得超出砂轮的两侧面，不得小于砂轮厚度的 1/2。不准使用缩孔衬套安装直径大于磨削机械允许使用的最大直径的砂轮。

（3）砂轮与砂轮卡盘压紧面之间必须衬以柔性材料制成的衬垫（如石棉橡胶板等），其厚度为 1～2 mm，直径比压紧面直径大 2 mm。

（4）砂轮、砂轮主轴、衬垫和砂轮卡盘安装时，相互配合面和压紧面应保持清洁，无任何附着物。

（5）安装时应注意压紧螺母或螺钉的松紧程度，压紧到足以带动砂轮并且不产生滑动的程度为宜，防止压力过大造成砂轮破损。如有多个压紧螺钉时应按对角顺序逐步旋紧。旋紧力要均匀。有条件时应采用测力扳手。

（6）安装砂瓦时，其压紧长度必须大于砂瓦的厚度，并使安装后砂瓦组合体的中心对准主轴的回转中心。

(7) 在一个砂轮卡盘上同时安装多于一片的砂轮时，砂轮之间允许使用隔离片隔开。隔离片的直径与砂轮压紧面的尺寸必须与砂轮卡盘相等。对专门制造的砂轮允许粘接或叠放在一起安装。

(8) 砂轮和砂轮卡盘总重量超过 16 kg 时，应采用吊装机械安装。

70. 安装砂轮时，什么情况下砂轮装上砂轮卡盘后应先进行静平衡调试？

答：《磨削机械安全规程》规定：直径大于或等于 200 mm 的砂轮装上砂轮卡盘后应先进行静平衡调试。砂轮经过第一次整形修整后或在工作中发现不平衡时，应重复进行静平衡调试。

71. 砂轮安装好后，在正式投入使用前还需做哪些工作？

答：根据《磨削机械安全规程》的规定，砂轮安装好后，正式投入使用前还需做如下两方面的工作：

(1) 砂轮安装在砂轮主轴上后，必须将砂轮防护罩重新装好，并将砂轮防护罩上的护板位置调整正确，紧固后方可运转。

(2) 新安装的砂轮应先以工作速度进行空运转。空运转时间为：

直径大于或等于 400 mm 的砂轮，空运转时间大于 5 min；

直径小于 400 mm 的砂轮，空运转时间大于 2 min。

空运转时操作者应站在安全位置，不应站在砂轮的前面或切线方向。

72. 在使用砂轮过程中应注意哪些安全问题？

答：在使用砂轮过程中，除了对砂轮的检查、安装及空转等方面有安全要求外，《磨削机械安全规程》还作了如下规定：

（1）砂轮与工件托架之间的距离应小于被磨工件最小外形尺寸的 1/2，最大不准超过 3 mm，调整后必须紧固。

（2）砂轮防护罩上的护板和工件托架必须在砂轮停转时调整。

（3）在磨削细长工件的外圆时应装有中心支架。

（4）用圆周表面做工作面的砂轮不宜使用侧面进行磨削，以免砂轮破碎。

（5）砂轮使用的最高工作速度不准超过砂轮铭牌上标明的速度。

（6）砂轮磨损后，允许调节砂轮主轴转速以保持砂轮的工作速度，但不准超过该砂轮铭牌上标明的速度。

（7）砂轮直径磨损的极限尺寸应符合以下规定，砂轮最小直径小于该尺寸不准使用。

砂轮安装形式	磨损极限尺寸
粘在直径为 d 的芯轴上	$d+2$
用螺钉头直径为 D_0 的螺钉安装	D_0+2
用直径为 D_3 的砂轮卡盘安装	D_3+2

（8）对手动进给的磨削机械，禁止利用杠杆等工具增加工件对砂轮的压力。

（9）干磨及修整砂轮时应佩戴防护用具。

（10）使用手动砂轮机和磨削工作速度超过 60 m/s 的磨削机械应附加防护挡板，以保证周围人员的安全。

（11）在寒冷的工作场地，砂轮开始工作时应逐渐增加负荷直到满足使用要求，保证砂轮温度逐渐升高，防止砂轮破损。

（12）采用磨削液时，不允许砂轮局部浸入磨削液中，当磨削工作停止时应先停止加磨削液，砂轮继续旋转至将磨削液甩净为止。不准在温度低于0℃以下的地方使用磨削液。

73. 使用砂轮机时应注意哪些事项?

由于砂轮较脆，而且转速较高，所以使用砂轮机时必须注意以下事项：

(1) 砂轮的旋转方向应正确（与外罩上所标方向一致），要使磨屑向下方飞离砂轮。

(2) 要用砂轮的外圆表面磨削，不要在砂轮侧面磨削，以免发生危险。

(3) 砂轮的隔板与砂轮的距离一般应保持在3 mm以内，否则容易造成磨削件被轧入的事故。

(4) 砂轮转动后，要等转速达到正常后再进行磨削。

(5) 磨削时，要防止磨削件撞击砂轮或施加过大的压力，砂轮外径径向圆跳动误差较大时，应及时用修整器修整砂轮。

(6) 操作者不要站在砂轮的正对面，而应站在砂轮的侧面或斜对面。

(7) 砂轮机要有安全防护装置，以免砂轮破裂后甩出伤人。

74. 磨削机械管理和维护要注意哪些安全问题?

答：《磨削机械安全规程》规定如下：

(1) 所有砂轮和砂瓦均属易碎品，搬运时应仔细，防止跌落或碰撞，不准滚动砂轮。使用车辆搬运时应采用有充气轮胎的车辆。

(2) 存储砂轮的仓库应保持干燥，防止受冻和过热，砂轮需仔细放置于货架之上或箱匣内。

(3) 砂轮应在有效期内使用，树脂和橡胶结合剂砂轮存储一年后必须再经回转试验，合格者方可使用。

(4) 磨削机械的砂轮主轴转速应定期检查，并做记录。

(5) 砂轮主轴安装砂轮部位应定期检查，有磕碰现象不准使用。

(6) 未经总工程师批准严禁改变磨削机械的结构和性能。

(7) 磨削机械更换或检修电动机应做记录。

(8) 所有砂轮卡盘必须定期检查，有下列情况之一者应维修或更换：

1) 压紧面上不平整；

2) 在直径或厚度上过量磨损；

3) 失精度（偏摆）；

4) 平衡块螺纹损坏；

5) 压紧螺钉连接副损坏。

(9) 发生砂轮破坏事故后，必须检查砂轮防护罩是否有损伤，砂轮卡盘有无变形或不平衡，砂轮主轴端部螺纹和压紧螺母有无损坏，合格后方可使用。

(10) 磨削机械的除尘装置应定期检查和维修，以保持其除尘能力。

75. 磨床操作工应遵守哪些安全操作规程?

答：为确保安全生产，磨床操作工应遵守以下安全操作规程：

(1) 操作内圆磨、外圆磨、平面磨、工具磨、曲轴磨等都必须遵守金属切削机械的安全操作规程。工作时要穿工作服，戴工作帽。

(2) 工件加工前，应根据工件的材料、硬度、精磨、粗磨等情况，合理选择适用的砂轮。

(3) 更换砂轮时，要用声响检查法检查砂轮是否有裂纹，并校核砂轮的圆周速度是否合适，切不可超过砂轮的允许速度运转。必须正确安装和紧固砂轮，砂轮装完后，要按规定尺寸安装防护罩。安装砂轮时，须经平衡试验，开空车试 5～10 min，确认无误后方可使用。

(4) 磨削时，先将纵向挡铁调整固紧好。人不准站在正面，应站在砂轮的侧面。

(5) 进给时，不准将砂轮快速接触工件，要留有空隙，缓慢地进给，以防砂轮突然受力后爆裂而发生事故。

(6) 砂轮未退离工件时，不得中途停止运转。装卸工件、测量精度时均应停车，将砂轮退到安全位置以防磨伤手。

(7) 用金刚钻修整砂轮时，要用固定的托架，湿磨的机床要用冷却液冲，干磨的机床要开启吸尘器。

(8) 干磨的工件，不准突然转为湿磨，防止砂轮碎裂。湿磨工作冷却液中断时，要立即停磨。工作完毕应将砂轮空转 5 min，将砂轮上的切削液甩掉。

(9) 平面磨床一次磨多个工件时，加工件要靠紧垫妥，防止工件飞出或砂轮爆裂伤人。

(10) 外圆磨用两顶针加工的工件，应注意顶针是否良好。用卡盘加工的工件要夹紧。

(11) 用内圆磨床磨削内孔时，进行塞规或仪表测量，应将砂轮退到安全位置上，待砂轮停转后方能进行。

(12) 工具磨床在磨削各种刀具、花键、键槽等有断续表面工件时，不能使用自动进给，进刀量不宜过大。

(13) 万能磨床应注意油压系统的压力，不得低于规定值。油缸内有空气时，可移动工作台于两端，排除空气，以防液压系统失灵造成事故。

(14) 不是专门用的端面砂轮，不准磨削较宽的平面，防止碎裂伤人。

(15) 须经常调换冷却液，防止污染环境。

76. 操作砂轮机要遵守哪些安全操作规程?

答：砂轮机的安全操作规程如下：

(1) 根据砂轮使用的说明书，选择与砂轮机主轴转数相符合的砂轮。

(2) 新砂轮要有出厂合格证，或检查试验标志。安装前如发现砂轮的质量、硬度、粒度和外观有裂缝等缺陷时，不能使用。

(3) 安装砂轮时，砂轮的内孔与主轴配合的间隙不宜太小，应按松动配合的技术要求，一般间隙控制在 0.05～0.10 mm。

(4) 砂轮两面要装有法兰盘，其直径不得小于砂轮直径的 1/3，砂轮与法兰盘之间应垫好衬垫。

(5) 拧紧螺母时，要用专用的扳手，不能拧得太紧，严禁用硬的东西锤敲，防止砂轮受击碎裂。

(6) 砂轮装好后，要装防护罩、挡板和托架。挡板和托架与砂轮之间的间隙，应保持在 1～3 mm，并要略低于砂轮的中心。

(7) 新装砂轮启动时，不要过急，先点动检查，经过 5～10 min 试转后，才能使用。

(8) 初磨时不能用力过猛，以免砂轮受力不均而发生事故。

(9) 禁止磨削紫铜、铅、木头等东西，以防砂轮嵌塞。

(10) 磨削时，人应站在砂轮机的侧面，戴好防护眼镜，不准两人同时在一块砂轮上磨削。

(11) 磨削时间较长的工件，应及时进行冷却，防止烫手。

(12) 经常修整砂轮表面的平衡度，保持良好的状态。

(13) 吸尘机必须完好有效，如发现故障，应及时修复。

77. 手持砂轮机安全操作规程的主要内容有哪些?

答：安全操作规程的主要内容有：

(1) 工作前应检查电源电压是否符合铭牌规定，检查电源线有无破裂漏电现象，机壳必须良好接地或接零。

(2) 注意防潮，禁止在雨水中和潮湿地方使用，禁止在有易燃易爆物的地方使用。

(3) 操作者应穿好工作服，戴好防护眼镜。

(4) 工作前先空转，观察碳刷火花，听机械传动声音是否正常，看砂轮运转是否均匀。如无异常方可作业。

(5) 更换砂轮时，应拔出插头或切断电源，不得带电更换或检修。

(6) 作业时，应将砂轮机把持平稳后再按下按钮打磨，缓慢接触打磨面，适当用力。严禁突然将旋转的砂轮接触打磨面，也不得按压打磨头死劲打磨，更不得将打磨头按在打磨面上再按开关，以免崩坏砂轮，飞击伤人。

(7) 手持砂轮机为断续工作制，不得长时间连续运转。

◎事故案例

案例一：

某年某月某日，某机械厂钳工班钳工甲在用手提砂轮打磨新做的铁柜焊点时，发现砂轮磨损严重。甲便准备用扳手卸下砂轮螺母，但因轴打转卸不下来。甲于是就用锤和铲击打螺母卸下砂轮，并将电工乙新取来的砂轮换上，先用扳手紧得差不多，接着又用锤子敲击使之紧固。之后甲让乙插上电源，自己手持砂轮打磨铁柜，刚一接触，只听一声巨响，砂轮破碎，飞片切入甲左肩和腹部，造成重伤。

案例二：

某年某月某日，某工厂钣金工甲使用风动砂轮打磨工件焊缝，在干到第八个工件时，启动风动砂轮空转，突然砂轮破碎，碎块飞出击中距操作点约 3 m 的另一名钣金工乙的头部，致其死亡。钣金工甲使用的风动砂轮的直径为 100 mm，最大线速度为 62.8 m/min，超出了砂轮规定数据（规定最大直径为 60 mm，最大线速度为 37.6 m/min）。砂轮法兰直径也不符合要求。砂轮压垫过硬，且无安全防护罩。操作者之间无屏蔽保护，且未佩戴安全帽。这些因素综合在一起，成为引发该起事故的直接原因。

第9章 冲压操作安全知识

78. 何谓冲压安全技术?

答：冲压生产效率高，但其工作环境（如振动、噪声等）较差、操作频繁、动作重复，操作者容易产生精神紧张和疲劳，导致在生产中发生人身和设备事故。冲压安全技术是指在冲压生产过程中，为了防止和消除人身、设备事故，保障操作者的安全和健康，根据冲压生产的特点和生产环节的需要而采取的各种技术措施。

79. 冲压生产作业的特点是什么?

答：冲压生产使用的主要设备包括机械压力机、液压机、弯板机和剪板机等。工作时，上、下模具分别安装在压力机的滑块和工作台上，滑块带动上模往复直线运动，使工件在上下模之间实现变形加工。其加工特点是：滑块运动速度快（每分钟几次到数百次）、生产率高、操作简单。目前多数冲压作业还采用手工操作，劳动量大，加工中易发生误操作，造成人身或设备事故，是危险性较大的加工方法。在各类机械设备伤害事故中，冲压设备所造成伤害的比例最大。一般要占重伤事故的50%左右。因此，冲压生产安全工作意义重大。

80. 冲压生产中常见事故如何分类?

答：冲压生产中常见事故有：凸模与凹模之间作业区域发生的事故；冲压机械的传动部分或送料装置部分发生的事故；在安装和调整模具及设备时发生的事故；在材料、模具和设备的保管运输中发生的事故。以上事故中以前两类事故居多。

81. 冲压工作危险区是指什么区域?

答：冲压工作危险区主要是指压力机滑块上安装冲模后，冲模与压力机台面垂直的投影面，即上下模之间的区域。

82. 冲压加工经常发生哪些伤害事故? 发生这些事故的原因是什么?

答：因冲压加工的操作多用人工，例如用手或脚操纵设备，用手工甚至用手伸进模内上下料，在这种周而复始的枯燥的工作条件下，人很容易做出失误动作，因而在冲压生产中往往发生断指伤害事故。

发生事故的主要原因有：

(1) 手工送料或取件时，由于频繁的简单劳动，容易引起操作者精神和体力的疲劳而发生误操作。特别是采用脚踏开关的情况下，手脚难以协调，更易做出失误动作。操作失误还与时间有关系，如在接近下班时，操作者体力已经消耗很大，身体十分疲劳，这时又急于完成工作，或精力不集中，更易做出失误动作而酿成事故。

(2) 由于室温不适、噪声过大、旁人打扰或操作条件不舒适等劳动环境的因素，导致操作者观察错误而误操作。

(3) 多人操作时，由于缺乏严密的统一指挥，操作动作互相不协调而发生事故。

(4) 手在上下模具之间工作时，因设备故障而发生意外动作。如离合器失灵而发生连冲，调整模具时滑块自动下滑；传动系统防护罩意外脱落；敞开式脚踏开关被误踏等故障，均易造成意外事故。

(5) 违反操作规程、冒险作业或由于定额过高、加班操作等生产组织上的原因，而造成事故的发生。

(6) 冲压安全管理工作（如安全技术培训教育、安全装置的合理使用、管理及文明生产等）不完善。

(7) 工作现场劳动条件不符合要求（如照明不合适、工作环境噪声超过规定标准等）。

(8) 无安全技术措施，或安全技术措施不够完善（如压力机上未配备可靠的安全装置等）。

83. 冲压设备运行的危险因素有哪些?

答：冲压设备运行的危险因素包括：

(1) 设备结构具有的危险因素。冲压设备一般采用的是刚性离合器。它是利用凸轮机构使离合器接合或脱开，一旦接合运行，就一定要完成一个全循环，才会停止，假如在此循环中，手不能及时从模具中抽出，就必然会发生伤手事故。

(2) 设备动作失控。设备在运行中受到经常性的强烈冲击和振动，使一些零部件变形、磨损以致碎裂，引起安全装置、操作机构甚至设备动作失控而发生危险。带病运行的设备也极易发生事故。

(3) 机械性伤害。设备的危险部位可能对人造成机械性伤害事故。如齿轮或传动机构将操作人员绞伤，剪切机刀片将操作人员割伤等。

（4）模具的危险。模具结构设计合理与否，直接关系到作业人员使用时的安全。有缺陷的模具可能因磨损、变形或损坏等原因，在正常运行条件下发生意外，而导致事故。

84. 冲压作业环境的危险因素有哪些？

（1）设备布局不合理。冲压车间的设备布局应按产品的工艺流程布置。实际上有些冲压车间是将设备按类型排列的，这样就使工件和原材料在车间重复周转，造成生产场地拥挤，安全通道和设备间隔被占，作业空间缩小，作业者操作受到妨碍。另外一种情况是设备排列过于拥挤，作业人员互相影响和干扰，使操作失误的可能性大大提高。

（2）工位器具和材料摆放无序。造成此种情况可能是场地拥挤、混乱所致，也可能是作业人员人为的原因。

（3）机台附近物品堆放过多、过乱。由于工件和材料不能及时传送，废料没有及时清理，使物品堆放过多而倒塌，甚至碰触冲床开关而使冲床误动作。

（4）座位不稳，高度不当。这会使作业人员操作时动作勉强，重心不稳，从而易于疲劳，或身体失衡发生意外。

此外，车间里的振动、噪声、作业信号及其他工种的作业干扰等，对冲压作业人员的安全操作都有明显的影响，都具有引发冲压事故的危险。

85. 冲压作业行为的危险因素有哪些？

（1）不安全行为。不安全的行为有：操作准备不充分、操作方法不当、作业位置不安全、操作姿势不正确、动作不协调、工具和防护用品使用不当等。

1）操作人员由于思想不集中、动作不协调，或工件在模具中未放正而进行调整时，冲头正好下落，造成伤手事故。

2）由于操作方法不当，使冲模或工具崩碎，工件被挤飞，造成伤人事故。

3）模具起重、安装、拆卸时造成的砸伤、挤伤。

4）工艺安排不合理，专用工具不合适。

5）误操作使液压元件超负荷，压力超过工作所允许的最大值，使液压元件破裂，高压介质在瞬间喷射冲出，造成伤害。

（2）不良的生理、心理状态。不良生理状态的直接表现为生理缺陷，如视力、听力不佳及其他功能失常等，都会使作业人员在工作中判断失误或动作失调。不良的心理状态则表现为心理疲劳，情绪不稳，作业人员可能因此而产生一些下意识行为和动作失误，也可能出现明知故犯、违章作业等非理智行为。还有责任心不强、心理紧张、精力不集中等表现。

86. 冲压设备安全装置都有哪些要求？

压力机的安全装置包括机械防护装置（各种防护罩、防护栏杆等）、安全启动装置（双按钮结合装置等）与自动保护装置（光电式安全装置）。必须在压力机的危险区域内为操作人员选择、提供并强制使用安全装置，以保证操作人员的安全。

（1）安全保护装置必须有足够的强度，并应便于检查和维修，应该有良好的可见度。

（2）安全保护装置必须用紧固装置紧固于压力机的适当位置上。紧固装置必须可靠，只有使用专用工具和足够外力的作用，方能拆卸。

（3）安全保护装置不应与压力机滑块或其他运动部件之间出现夹紧点，两者之间至少应保持 25 mm 的间距。

（4）压力机上所用防护罩和防护栅栏，应用透明材料制成。当用金属材料制造时，应具有垂直透明孔，如采用铁丝编织网或拉伸网片，透明孔不允许采用菱形斜孔。

（5）防护罩、防护围栏及护板等安全装置，在压力机上的安装位置必须满足安全尺寸的技术要求。

87. 冲压模具的安全管理包括哪些内容?

（1）冲压模具使用前后的检查和保养

1）冲压模具要指定专人管理，投产和入库前要经过检查，损坏的模具应不投产、不入库。

2）模具使用后，要按冲模使用记录卡的内容要求填写，积累模具的原始资料。

3）模具入库前必须经过清洗或清理，并应在有关工作面上、活动或滑动部分加注润滑剂和防锈油脂。

4）模具库应有模具管理账目，管理人员应对出入库的模具及时登记，包括模具所需的安全装置和安全工具。

5）模具的存放要求如下：

大型冲模应堆放在楞木或垫铁上，每垛不得越过三层，高度不应超过 2.3 m；中型冲模视其体积和质量进行存放，垛放高度不应越过 2 m；小型冲模应堆放在专用模架上，模架必须坚固、稳定。

（2）不同类型模具的涂色要求。不同类型的模具要涂以不同色标。模具使用前，要将模具按其对人身安全构成的威胁程度，分类并涂色。

1）危险模具。用手在上下模口内拆装制件的模具，必须用红色油漆标明。

2）安全模具。手不进入上下模口内操作的模具，用黄色油漆标明。

3）自动模具。配有自动上下料装置的模具，用绿色油漆标明。

88. 对于模具的安全操作有哪些设计方面的要求？

（1）模具在结构上应尽量保证进料、定料、出件、清理废料的方便。

（2）加工小型零件，严禁操作者的手指、手腕或身体的其他部位伸入模区作业；对于大型零件的加工，若操作者必须手入模内作业时，尽可能减少入模的范围，尽可能缩短身体某部位在模内停留的时间，并应明确模具危险区范围，配备必要的防护措施和装置。

（3）模具上的各种零件应有足够的强度及刚性，防止使用过程中损坏和变形，紧固零件要有防松动措施，避免意外。

（4）不允许在加工过程中发生废料或工件飞弹现象。

（5）避免冲裁件毛刺割伤人手。

（6）不允许操作者在冲压操作时有过大的动作幅度，避免出现使身体失去稳定的姿势。

（7）不允许在作业时有过多和过难的动作。

（8）冲压加工时尽量避免强烈的噪声和振动。

（9）模具设计应在总图上标明模具质量，便于安装，保障安全。加工 20 kg 以上的零件，应有起重搬运措施，以减轻劳动强度。

89. 模具拆卸时应采取哪些安全措施？

（1）拆卸模具前，应全面了解冲压设备和冲模的结构特点及其使用条件；检查压力机的刹车、离合器及操纵机构是否正常；在确认压力机的技术状态良好，各项安全措施完备后，才能按照冲模操作规程，进行冲模的拆卸工作。

（2）拆卸模具时，必须切断电源，上下模之间应垫上木块，使卸料弹簧处于不受力状态。用手或撬杆转动压力机飞轮（大型压力机，则按微动按钮开启电动机），使滑块降至下死点，上、下模处于闭合状态。先拆上模，拆完后将滑块升至上死点，使其与上模完全脱开，在滑块上升前，应用手锤敲打上模板，以免滑块上升后，模板随其重新落下，损坏冲模刀口及发生伤害事故。然后拆去下模。将拆下的模具运到指定地点，仔细擦去表面油污，涂上防锈油，稳妥存放，以备再用。最后将现场清理干净。

90. 对冲压设备及其安全防护装置如何管理？

（1）冲压设备和安全防护装置的维护保养

1）严格遵守技术操作规程，规程必须对冲压设备及安全防护装置的结构、性能、操作、调整、使用、维护等方面，在技术上作出明确规定。

2）冲压设备和安全防护装置要经常加润滑油，减少零件磨损，保证设备的正常运行。

3）作业前必须认真检查设备的操纵系统、安全防护装置、电器和主要的紧固件等；观察运转中有无特殊声响或其他异常情况等，发现故障和隐患立即停机修理，严禁带“病”运行。

(2) 冲压设备和安全防护装置的维修制度

1) 制定检修项目。根据冲压设备和安全防护装置经常发生的故障、可能出现的隐患以及容易磨损的部位制订修理计划，确定专人负责，定期检查维修。

2) 定期点检。由检修人员按规定的项目、时间定期点检，做好记录。

3) 安全技术资料完备。技术部门应向设备部门提供完整的技术资料，使操作人员、维修人员和安全管理人员对安全防护装置全面了解，正确使用、维修。

91. 压力机安全装置的作用及分类?

(1) 压力机安全装置的作用。压力机安全装置的作用是当压力机在正常工作的情况下，不论是否遵守了操作规程，都没有发生人身事故的可能性，从而杜绝人身事故的发生。即在压力机滑块下行时，安全装置设法将操作人员的手与危险区隔开，或强制性地将操作人员的手推（拉）出危险区；或是在危险区周围设置光束、电场、电流等，一旦人手或其他部位进入危险区，通过光、电、气的控制，使压力机停止工作。

(2) 压力机安全装置的分类。压力机安全装置分为安全保护装置与安全保护控制装置。

安全保护装置有栅栏式、推（拨）手式及拉手式。安全保护控制装置有双手操作式（包括双手操作按钮、双手操作杠杆）、光线式（包括光电控制、红外控制）、感应式及翻板式等。

《机械压力机安全技术条件》（JB 3350—1983）规定，每台压力机必须根据不同的使用情况选配安全装置。压力机如未选用栅栏式、推（拨）手式、拉手式等安全保护装置，则必须选用双手操作式安全保护控制装置。对于安全压力机，应在选用双手操作式安全保护控制装置的同时，选用光线式安全保护控制装置。对于在左、右两侧使用都存在不安全因素的压力机，其左、右两侧也应采取相应的安全防护措施。

92. 使用冲压设备安全装置应注意哪些事项?

（1）由于安全装置有时出现故障，致使在使用安全装置的情况下，仍可能发生冲压事故。为了更有效地防止冲压事故，最好同时选用两种以上的安全装置。

（2）为了避免由于操作者对安全装置使用不当造成事故，必须在安全装置投入使用前对操作者做好技术培训工作。

（3）在使用安全装置时，必须先校验安全装置的各项功能。

（4）要对安全装置进行定期检修，以免由于安全装置的故障造成冲压事故。

93. 冲压作业的各道工序中分别存在哪些不安全因素?

答：冲压作业包括送料、定料、操纵设备完成冲压、出件、清理废料、工作点的布置等操作动作。这些动作常常互相联系，不但对制件的质量、作业的效率有直接影响，操作不正确还会危害人身安全。

（1）送料。将坯料送入模内的操作称为送料。送料操作是在滑块即将进入危险区之前进行，所以必须注意操作安全。如操作者不需用手在模区内操作，是安全的。但当进行尾件加工时或手持坯件入模进料时，手要进入模区，一旦发生失误，就具有较大的危险性，因此要特别注意。

（2）定料。将坯料限制在某一固定位置上的操作称为定料。定料操作是在送料操作完成后进行的，它处在滑块即将下行的时刻，因此比送料操作更具有危险性。由于定料的方便程度直接影响到作业安全，所以，决定定料方式时要考虑其安全程度。

（3）操纵。指操纵者控制冲压设备动作的方式。常用的操纵方式有两种，即按钮开关和脚踏开关。单人操作按钮开关时一般不易发生危险，但多人操作时，会因注意不够或配合不当，造成伤害事故。因此多人作业时，必须采取相应的安全措施。脚踏开关虽然容易操作，但也容易引起手脚配合失调，发生失误，造成事故。

（4）出件。指从冲模内取出制件的操作。出件是在滑块回程期间完成的。对行程次数少的压力机来说，滑块处在安全区内，不易直接伤手；对行程次数较多的开式压力机，则仍具有较大危险。

（5）清理废料。指清除模区内的冲压废料。废料是分离工序中不可避免的。如果在操作过程中不能及时清理，就会影响作业正常进行，甚至会出现复冲和叠冲，有时也会发生废料、模片飞出伤人的现象。

94. 冲压工序常用的手工工具有哪些？使用时应注意哪些问题？

答：在中小型压力机上，如不能采用机械化送、退料装置，则可用工具送料、取件，使冲压工双手安全，不接触危险区。目前常使用的工具按其特点大致归纳为以下五类：

（1）弹性夹钳。其体积小、质量轻、通用性强、劳动强度小、操作简单灵活，适用于钳夹各种轻型的薄料加工零件。

（2）专用夹钳（卡钳）。它是根据制件的不同形状而设计制造的，操作简单方便，劳动强度不大，适用于钳夹各种表面积较大的冲压制件。

（3）磁性吸盘。有永磁吸盘和电磁吸盘，适用于吸取各种薄片型平整的钢制冲制零件。

（4）真空吸盘。适用于吸取各种钢制、铜质、铝质和胶木制成的片状平整冲制零件。

（5）气动夹钳。适用于夹持形状复杂的大型制件。

为了防止工具被意外压入模具，造成模具和设备的损坏，工具应用适宜的材料制成，尽量用软金属和非金属材料。工具的形状、大小应该便于操作者掌握，冲压工在使用工具前后应对其进行认真检查。

95. 对冲压机械整机有哪些安全技术要求?

答:《冲压安全管理规程》对冲压机械整机提出了如下安全技术要求：

（1）床身、滑块、防护罩、安全设施等外露部分，不得有锐利的边缘。

（2）外露的飞轮、带轮、传动带、齿轮等旋转部分，要用防护罩遮住。

（3）设备应良好接地，以防触电。

（4）设备上应有合适的局部照明，根据实际情况可以设计成移动式的或固定式的。

（5）设备，特别是中大型设备，一般要设置安全支柱，以防在模具调整时滑块下滑或误开设备。安全支柱要与设备的主传动控制联锁，其强度应能支撑滑块和上模的质量。

（6）高大设备的最高处应设有红色指示灯显示，并涂以黄黑相间的条纹，以防天车误碰。

(7) 带有气动摩擦离合器或寸动刚性离合器的设备，应标定实际的急停时间。实际的急停时间是指曲轮转到 90°左右处，接通急停按钮后至滑块安全停止的时间。

96. 冲床的床身和滑块要满足哪些安全技术要求？

答：《冲压安全管理规程》规定了床身的安全技术要求：

(1) 床身的强度、刚度必须进行验算和测试。

(2) 可倾式床身的可倾角度调节和固定机构，必须安全可靠，以防倒落。手动调节和固定位置，一般只允许设在设备的侧面。

滑块的安全技术要求：

(1) 封闭高度的调节部分，应设有双向极限限位装置。

(2) 滑块上不可有过分突出的螺栓、螺母或打料杆，不得已时，应采用防护罩设施。

97. 冲床的离合器与制动器要满足哪些安全技术要求？

答：《冲压安全管理规程》规定：

(1) 刚性离合器（包括寸动刚性离合器）的转键（包括键柄）或滑锁，应有足够的强度。

(2) 刚性离合器所配的带式制动器的设计，应按实际制动角度计算强度，并应便于调节。

(3) 气动摩擦离合器与制动器应有可靠的联锁装置，以防因结合的时间过长而引起实际的制动角度过大，或相互干扰而引起摩擦片磨损。

(4) 寸动刚性离合器所配备的制动器的设计，应考虑滑块和上模所引起的制动力矩等影响因素。

98. 冲床离合器的操纵系统和启动机构要满足哪些安全技术要求?

答:《冲压安全管理规程》对离合器操纵系统的安全技术要求规定如下:

(1) 刚性离合器的操纵凸轮的安装位置,应保证在单次行程时曲轴停在死点处,其允许误差为±5°。

(2) 刚性离合器在单次行程时,必须有防止连冲的机械式保护装置。

(3) 寸动离合器在单次行程时,必须有防止连冲的双重电气联锁保护装置。

(4) 气动摩擦离合器在单次行程时,应保证曲轴停在上死点处,其允许误差为$-10°\sim5°$。

(5) 气动摩擦离合器在单次行程时,必须有防止连冲的措施,如采用双联电磁阀等。

对离合器启动机构的安全技术要求规定如下:

(1) 手柄直接启动的手柄推(或拉或压)力,左手操作时,不得超过 15 N;右手操作时不得超过 20 N;双手柄操作时,每个手柄不得超过 15 N。

(2) 启动按钮应不高出按钮盒的表面,急停按钮必须是蘑菇式的。

(3) 应用脚踏板启动方式的踏板,其左、右、上各面都应封闭,伸脚的空间应宽敞,踏板表面应有防滑措施。

(4) 脚踏板启动的踏板力不可过大,人员坐着操作时不得超过

40 N；站着操作时不得超过 50 N。踏板的向下位移不得超过 60 mm。

99. 对冲压机械的阶梯、平台和护栏有何安全要求?

答：《冲压安全管理规程》对冲压机械的阶梯、平台和护栏的安全要求规定如下：

（1）阶梯要与主传动控制联锁，即在爬梯时，应保证断开主传动控制。

（2）阶梯的脚蹬间距推荐为 300 mm 左右，阶梯的宽度推荐为 450 mm 左右，阶梯与床身面间的最小距离推荐为 180 mm。

（3）阶梯的高度超过 5 m，在阶梯 3 m 以上部位应设置护身圈。

（4）设备的机身顶面高度超过 3 m 时，一般设检修平台及护栏。平台上的铺板应是防滑板，边沿至少翘起 40 mm，护栏的高度推荐为 1 050 mm 以上。

100. 对冲压模具有哪些安全技术要求?

答：《冲压安全管理规程》规定了冲压模具的安全技术要求：

（1）模具结构须满足下列安全技术要求：

1）各外露边缘应为圆角；

2）模具搬移和安装方便；

3）导柱末端不许外露；

4）要有适应的挡销、顶件器和卸料板等；

5）尽可能避免操作者的手、手指进入上下模具空间。

（2）在设计模具时必须考虑装设机械化装置的位置。

（3）顶件器、推件器和各种卸料板等结构必须可靠。

（4）每套模具必须有包括下列项目的登记卡：

1）使用模具的工序；

2）模具的使用、安装、调整说明；

3）模具在冲压设备上的安全措施说明。

101. 安装冲模时应注意哪些安全问题？

答：在压力机上安装冲模是一件很重要的工作，冲模安装调整不好，轻则造成冲压件报废，重则将威胁人身和设备的安全。

为了确保冲模安装的安全，要做下列准备工作：

（1）熟悉生产工艺，全面了解该工序所用冲模的结构特点及其使用条件，熟悉制件结构性能、作用和技术条件，冲压材料和工艺性能及该工序的工艺要求。

（2）检查压力机的刹车、离合器及操纵机构是否正常，只有在确认压力机的技术状态良好，各项安全措施齐全、完备，才能按照冲模安装操作规程进行冲模的安装工作。

（3）检查压力机的打料装置，应将其暂时调整到最高位置，以免调整压力机闭合高度时折弯。

（4）检查下模顶杆和上模打棒是否符合压力机打料装置的要求（大型压力机则检查气垫装置）。

（5）检查压力机和冲模的闭合高度，压力机的闭合高度应略大于冲模的闭合高度，防止发生事故。

（6）将上下模板及滑块底面的油污擦拭干净，并检查有无遗物，防止影响正确安装和发生意外事故。

安装时，应断开或切断动力和锁住开关，安装次序是先装上模后装下模。上下模安好后，用手扳动飞轮，使滑块走完半个行程，检查上下模对正位置是否正确，经检查安装无误后，可升空车试冲几次，直至符合要求，将螺杆锁紧并调整好打料位置，重新安上全部安全装置，并检查、调整和运行。

102. 模具在拆卸时应注意哪些问题？

答：在拆卸模具时，上下模之间应垫上木块，使卸料弹簧处于不受力状态。在滑块上升前，应用手锤敲打上模板，以免滑块上升后模板随其重新脱下，损坏冲模刀口及发生伤害事故。在拆卸过程中，必须切断电源，注意操作安全，以防发生事故。

103. 冲压机械的安全装置应有哪些功能？

答：《冲压安全管理规程》规定：冲压机械的安全装置的功能有下列四种类型：

(1) 在滑块运行期间（或滑块下行程期间），人体的某一部位应不会进入危险区，如固定栅栏式、活动栅栏式等安全装置。

(2) 操作者的双手脱离启动离合器的操纵按钮或操纵手柄后，伸进危险区之前，滑块应能停止下行程或已超过下死点，如双手按钮式、双手柄式等安全装置。

(3) 在滑块下行程期间，人体的某一部位进入危险区之前，滑块应能停止或已超过下死点，如光线式、感应式、刻板式等安全装置。

(4) 在滑块下行程期间，能够把进入危险区的人体某一部位推出来，或能够把进入危险区的操作者手臂拉出来，如推手式、拉手式等安全装置。

104. 冲压机械常用的安全防护装置有哪几类，各有什么功能特点？

答：冲压机械目前常用的安全防护装置有：安全启动装置、机械防护装置和自动保护装置。

（1）安全启动装置。其功能特点是当操作者的肢体进入危险区时，冲压机的离合器不能合上，或者滑块不能下行，只有当操作者的肢体完全退出危险区后，冲压机才能被启动工作。这种装置包括：双手柄结合装置和双按钮结合装置。这种设施的原理是，在操作时，操作者必须用双手同时启动开关，冲压机才能接通电源开始工作，从而保证安全。

（2）机械防护装置。其功能特点是，在滑块下行时，设法将危险区与操作者的手隔开，或用强制的方法将操作者的手拉出危险区，以保证安全生产。这类防护装置包括：防护板、推手式保护装置、拉手安全装置。机械式防护装置结构简单、制造方便，但对作业干扰影响大。

（3）自动保护装置。其功能特点是，在冲模危险区周围设置光束、气流、电场等，一旦手进入危险区，通过光、电、气控制，使压力机自动停止工作。目前常用的自动保护装置是光电式保护装置。其原理是，在危险区设置发光器和受光器，形成一束或多束光线，当操作者的手误入危险区时，光束受阻，使光信号通过光电管转换成电信号，电信号放大后与启动控制线路闭锁，使冲压机滑块立即停止工作，从而起到保护作用。

105. 冲压机械在使用光线式或感应式安全装置时要重点对哪些项目进行检查？

答：《冲压安全管理规程》规定：使用光线式或感应式安全装置时，除了根据其使用说明书的要求安装、调整、检查外，还要重点检查下列项目：

（1）每道光束的遮光检查或感应幕高度检查。此项检查在每次启动主电动机后都要进行。

（2）回程期间，遮光时或手伸入感应幕时不停机功能的检查。

（3）遮光或手伸入感应幕停机后的自保功能的检查。

（4）安全距离（即光幕或感应幕与模具刃口间的最小距离）的检查。此项检查在每次更换模具后都要进行，并按需要调整好。

106. 冲压机械在什么情况下允许连续行程操作?

答：《冲压安全管理规程》规定：冲压机械在一般情况下只允许单次行程操作。在以下特殊情况下，才允许连续行程操作：

（1）有自动送料装置或机械手操作时。

（2）采用条料冲压，且手不需要进入上下模具空间时。

（3）使用手用工具，操作者的手或手指又没有进入上下模具空间，且在该设备的一次往复行程中能够满足下料的要求时。

（4）具有可靠的安全装置，能冲压简单的零件，且在该设备往复一次的过程中能够满足上下料的要求时。

107. 在什么情况下要停机，并把脚踏板移到空挡处或锁住?

答：《冲压安全管理规程》规定：发生下列情况时，要停机并把脚踏板移到空挡处或锁住：

（1）暂时离开。

（2）发现不正常。

（3）由于停电而使电动机停止运转。

（4）清理模具。

108.《冲压安全管理规程》规定，发生哪些情况时要停机检查修理？

答：《冲压安全管理规程》规定：发生下列情况时，要停机检查修理：

（1）听到设备有不正常的敲击声。

（2）在单次行程操作时，发现有连冲现象。

（3）坯料卡死在冲模上，或发现废品。

（4）照明熄灭。

（5）安全防护装置不正常。

109. 冲压安全操作规程的主要内容是什么？

答：冲压安全操作规程主要内容如下：

（1）按规定用工具取、放冲压件（或毛坯）的作业，不得用手直接操作。采用手持式电磁吸盘，必须符合《压力机用手持式电磁吸盘技术条件》（GB 5093—1985）的规定。

（2）两人以上同时操作一台冲床时，要分工明确，协调配合，避免动作失误。

（3）冲模安装调整、设备检修以及需要停机排除各种故障时，都必须在设备启动开关旁挂警告牌。警告牌的色调、字体必须醒目易见，必要时应有专人监护开关。

（4）严禁在冲床工作台面和模具上放置量具及其他物件。

（5）当设备、模具和其他有关装置发生故障时，必须停机检查，并应切断冲床电源。

（6）规定用单冲的作业，不得连冲。单冲时，冲一次踏一次，并随即脱开脚踏板。

（7）经常检查设备的运行情况。作业期间，发生下列情况时应立即停机：

1）冲床发出不正常的响声；

2）滑块停点不准，或停止后自动滑下；

3）冲压件出现不允许的毛刺或其他质量问题；

4）冲压件或废料卡在模具里，模具上同时有一个以上的毛坯，模具上有废料未被及时清除；

5）控制装置失灵。

（8）设备运行时，不准进行清理、调整和润滑工作。

（9）工作中随时注意检查离合器、制动器、滑块与导轨等处有无过热现象，模具的固定有无松动现象，发现问题及时排除。

（10）工作后应关闭电源，将工具、工件、废料放到指定地点，清理设备及工作场地。

110. 数控冲床安全操作规程的主要内容有哪些？

（1）操作者必须熟悉设备的结构性能，熟悉各种开关、按钮和指示灯的意义和作用，严格按使用说明书和操作规程正确地操作、使用，严禁超规格使用设备。

（2）工作前检查气压数值，达不到规定压力值时不能开车。

（3）开机前打开油水分离器排放阀，放出积油、积水，并根据具体情况，定期更换油水分离器过滤材料。

（4）开机前检查油雾器油量多少，经常保持充足储油量。

（5）使用前检查各保护装置，主机空车，X、Y 轴往复运行，运转正常，Z 轴正确定位后，才允许进行冲压工作。

（6）车间有专人编程，专人核对，程序输入前检查各控制开关旋钮是否处于正确位置。

（7）开机时，机床周围 2 m 内禁止非操作人员靠近，并应设置围栏和警告提示。

（8）在设备使用过程中，各故障指示灯有一个灯亮时，机器不能工作，须立即排除故障后，才能重新工作。

（9）工作台面不准放置任何杂物，加工料不得有土垢。

（10）每改变一次程序后，必须先空车运转，无故障才允许正式冲压。

（11）设备运转时操作人员不许离开机床，或干其他工作。

（12）严格定人定机，无操作证人员绝对不准操作机床。设置专门维修人员进行维修。

（13）严格按润滑部位对设备润滑保养，不进行日常保养不能开机。

（14）认真填写设备运行或交接班记录等有关表格。

（15）设备使用完毕，各部归位，放置原点。

111. 折边机安全操作规程的主要内容有哪些?

（1）遵守一般冲压安全操作规程。加工小件时，严禁戴手套。

（2）上、下模的前后距离要调整适当，保持一定行程量，防止上、下模卡死。使用前应进行空车运转检查。

（3）启动并待转速正常后，方可开始工作；同时注意周围人员的安全。

（4）严禁将工具及手伸进上、下模之间。

（5）两人以上操作时，应定人开车，统一指挥，工件进退或翻身时，两侧操作人员应密切联系，动作协调。

(6) 加工材料的规格及所使用的压力，不得超过机床允许的范围。

(7) 进行调整、检修时，或工作完毕后，应切断电源。

112. 折弯机安全操作规程的主要内容有哪些?

(1) 开机前应将上、下模具清理、擦拭干净。

(2) 检查托料架、挡料架及滑块上有无异物，如有异物，应清理干净。

(3) 按所折板料厚度，选择适当模口，模口尺寸一般等于或大于8倍板料厚度。

(4) 由板料折弯力数或折弯力计算公式得出工件的折弯力，工件折弯力不得大于1 000 kN。

(5) 折弯狭板料时，应将系统工作压力适当降低，以免损坏模具。

(6) 调节滑块行程时，应保证调量小于100 mm，以免损坏机器。

(7) 折弯前，应将上下模具间的间隙调整均匀一致。

(8) 检查油箱油位，启动油泵检查液压管道、油泵有无异常。

(9) 折弯板料应放在模具中间，机器不宜单边载荷，以免影响工件和机器的精度，如某些工件确需单边工作时，其载荷不得大于250 kN，而且必须两边同时折弯。

(10) 折弯时，不可将手放在模具间，狭长小料不可用手扶。一次只许折弯一块料，不许多块分节同时折弯。

(11) 作业完毕，应关闭油泵，切断电源。

113. 剪板机安全操作规程包括哪些内容?

(1) 认真执行《锻压设备通用操作规程》有关规定。

(2) 认真执行下述有关补充规定:

1) 工作前认真做到:

①空运转试车前，应先手动盘车一个工作行程，确认正常后才能开动设备。

②有液压装置的设备，检查储油箱油量是否充足。启动油泵后检查阀门、管路是否有泄漏现象，压力应符合要求。打开放气阀将系统中的空气放掉。

2) 工作中认真做到:

①不准剪切叠合板料，不准修剪毛边板料的边缘，不准剪切压不紧的狭窄板料和短料。

②刀板间的间隙应根据板料的厚度来调整，不得大于板厚的1/30。刀板应紧固牢靠，上、下刀板面保持平行，调整后应手动盘车检验，以免发生意外。

③刀板刃口应保持锋利，如刃口变钝或有崩裂现象，应及时更换。

④剪切时，压料装置应牢牢地压紧板料，不准在压不紧的状态下进行剪切。

⑤有液压装置的设备，除节流阀外，其他液压阀门不准私自调整。

(3) 工作后应将上刀板落在最下位置上。

◎事故案例

案例一:

2007 年某月某日，江苏省某冲压有限公司冲压车间发生一起机械伤害死亡事故。死者孙某，男，18 岁，系某学校在校实习学生。事发前，学校将学生安排在该公司实习。某日凌晨上大夜班时，孙某与其他 5 名实习学生及 2 名女工被班长安排在 A 线一冲压机上作业。作业时，孙某发现一物料未放置到位，在主机未停止运转的情况下，弯腰探头伸出左臂拨弄冲压机下的物料，被下落的冲压机砸中左胳膊等部位。虽被急送市人民医院抢救，终因伤势过重死亡。

案例二：

2007 年某月某日，某厂铆工班加工一批铁柜，铆工甲、乙准备用压力机为一批铁板压制 V 形槽。正常操作程序是，每次操作过程中，甲负责将铁板入料，在划线对准 V 形胎模后，下令乙操作控制把手冲压。这次操作中，甲入料，当时乙正与另一人打招呼，未听清甲的指令便操纵拉杆，甲的右手被厚 3 mm 的铁板和下胎模挤伤，造成三指骨折。

案例三：

2001 年某月某日下午 3 时，某厂热塑班班长李某带领本班班员在 Q11—6X2500 型剪板机上剪切钢板。李某将全班分为两组，在同一剪床上同时作业，由李某负责控制脚踏开关。作业进行到 3 时 10 分左右，李某在送钢板时，右手伸进了剪板机的剪切面，并在此时误动了脚踏开关，剪板机瞬间动作，将李某右手食指、中指、无名指剪断。

案例四：

2003 年某月某日 14 时左右，某机械厂租赁厂房内，职工甲、乙二人在锻压机上进行模块加工作业，当甲夹住锻模放在锻压机锻压时，乙开启机器，锻压机锤开始锻压，锻模与工件飞出，击中甲胸部。厂方立即将伤者送往医院，后终因抢救无效于当天 16 时左右死亡。

案例五：

2003 年某月某日晚 18 时 30 分左右，某公司部装车间钣金组根据生产需要，安排 GE 柜生产的所有人员回厂加班。经工艺员确认后，19 时 15 分左右班组长安排雷某当师傅，在 63 t 气动冲床上给陈某等三名新工人示范操作 GE 柜外箱本体冲孔工序，准备让他们上岗操作。该外箱板材长 184 cm，宽 78.5 cm，操作时需两人合力将板材送入模具并扶正，其中站在机台前方的一人踩脚踏开关，完成冲压之后将成形的板材取出放好，并取出冲孔落料，另一人取待加工的新板材。雷某讲完操作程序和注意事项并示范操作后，看着陈某和卢某两名新工人配合作业操作十几块板料后，就离开和另一名新工人在旁边 80 t 的冲床上配合作业。约 19 时 30 分，当陈某伸左手入模取冲孔落料时，左手食指、中指、无名指和小指被突然下降的上模压住，陈某大叫一声，在旁边冲床作业的雷某见状立即跑上前去将该冲床调至“点上”状态，让陈某将左手拉出。发现其左手的小指已从第二指节处压断，食指、中指、无名指也只有皮肉相连。在现场的见习组长郭某立即将伤者送至医院，后转至手外科专科医院治疗。

第10章 钳工安全知识

114. 什么叫钳工？钳工常用工具及设备有哪些？

答：使用手工具、用手工操作的方法改变工件的形状、尺寸及表面状况或确定零件间相互位置关系的加工称为钳工。

通常钳工可分为装配、工具、模具和基础钳工等不同的工种。由于机器制造业中用手工加工的任务较多，如划线、錾切、锉削、刮研、装配及攻螺纹套扣等，所以，企业中都有相当数量的钳工。钳工有三大优点（加工灵活、可加工形状复杂和高精度的零件、投资小），两大缺点（生产效率低和劳动强度大、加工质量不稳定）。

钳工的工作任务范围很广，主要有划线、加工零件、装配、设备维修和创新技术。钳工随着机械工业的发展，工作范围日益扩大，专业分工更细，因此，钳工分成了普通钳工（装配钳工）、修理钳工、模具钳工（工具制造钳工）等。

钳工的常用设备有钳工工作台、台虎钳、砂轮机、台式钻床、立式钻床和摇臂钻床等。

（1）工作台。工作台也称钳工台、钳桌，用来安放台虎钳、工具和工件等。它是钳工工作的主要设备。工作台用木料或钢材制成，其高度为 800～1 000 mm。装上台虎钳以后，通常多以钳口高度与人肘平齐为宜，使操作者操作方便；其长度和宽度则根据工件的需要而定。工作台一般都设有几个抽屉，用于收藏工件和工具。

（2）台虎钳。台虎钳是钳工常用的夹持工件的通用工具。一般都固定在钳工台上，有固定式和回转式两种类型。回转式台虎钳由于使用较为方便，故应用很广泛。台虎钳在使用和维护时应注意以下事项：

1）台虎钳安装在钳工台上时，必须使固定钳身的钳口工作面处于钳工台边缘之外，以保证夹持长条形工件时，工件的下端不受钳工台边缘的阻碍。

2）台虎钳必须牢靠地固定在钳工台上。两个夹紧螺钉必须扳紧，使钳身在工作时没有松动现象，否则容易损坏台虎钳和影响加工质量。

3）夹紧工件时只允许依靠手的力量来扳动手柄，不允许用锤子敲击手柄或随意套上长管子来扳动手柄，以防螺母、丝杠或钳身因过载而损坏。

4）在进行强力作业时，应尽量使作用力朝向固定钳身，否则会额外增加丝杠和螺母的载荷，以致造成螺纹的损坏。

5）不能在活动钳身的光滑表面作敲击作业，以免降低它与固定钳身的配合性能。

6）丝杠、螺母和其他活动表面要经常加油并保持表面清洁，以利于润滑和防止生锈。

（3）砂轮机。砂轮机主要用于刃磨钻头、刮刀和錾子等刀具或样冲、划线等工具，也可以用来磨去工件或材料上的毛刺、锐边和氧化皮。砂轮机主要由砂轮、电动机和机体组成，为了减少尘埃污染，按环保要求要带有吸尘装置。砂轮的质地硬而脆，工作时的转速较高，因此，使用砂轮机时应注意遵守安全操作规程，严防发生砂轮破裂和人身事故。砂轮机在使用时应注意以下事项：

1）砂轮的旋转方向应正确，应和砂轮罩壳上箭头指示方向一致，使磨粒方向向下飞离砂轮。

2）启动后，要等砂轮的转速达到稳定以后才能开始磨削。

3）磨削时要防止刀具或工件对砂轮发生剧烈的撞击或施加过大的压力。当砂轮外圆跳动严重时，应及时用修整器修整。

4）砂轮机的搁架与砂轮外圆间的距离，一般应保持在 3 mm 以内，否则容易使被磨削件扎人，造成事故。

5）磨削时，操作者不要站在砂轮机的正对面，而应站在砂轮机的侧面或斜对面。

（4）钻床

1）台式钻床。台式钻床简称台钻，是一种小型钻床，结构简单，操作方便，由于钻孔的直径不大，最低转速也较高，一般在 400 r/min 以上，不适于锪孔和铰孔加工。

2）立式钻床。立式钻床简称立钻，底座内可储存切削液，切削液通过装在底座上的冷却泵，在加工时对工件进行冷却和润滑。

3）摇臂钻床。摇臂钻床是靠移动钻床的主轴位置来对准工件孔中心的，所以加工时比立式钻床方便。由于主轴变速箱能在摇臂上作大范围移动，而摇臂又能绕立柱回转 360°，所以，各种大小工件，安置在工作台及底座上都可以加工。钻床主轴移动到所需的位置以后，摇臂可以用电动胀闸锁紧在立柱上，主轴变速箱也可以用偏心锁装置固定在摇臂上。

4）钻床的使用要点

①使用钻床必须注意安全，钻削时掌握好力的作用特点，采取必

要的安全措施，工件装夹要可靠，严禁戴手套操作。

②开动钻床前，应检查各个机构，确定正常后，方能启动。

③变换主轴转速或进给量时，应停车调整，以防变换时齿轮损坏。

④调整钻孔深度装置时，先旋动手柄移动主轴，使钻头接触工作，然后把进给挡块（螺母）调整到要求并锁紧。

⑤钻通孔必须在工件下面垫上等高衬块，以便于落钻并防止破坏台面。

115. 钳工的基本操作工序是什么？主要有哪些危险有害因素？

答：钳工的基本操作工序包括划线、錾削、锯削、锉削、钻孔、扩孔、锪孔、铰孔、攻螺纹、套螺纹、刮削、研磨、装配等。

按照导致事故和职业危害的直接原因进行分类，在钳工的基本操作工序中，主要涉及的是物理性危险有害因素。参照《企业职工伤亡事故分类标准》（GB 6441—1986），钳工的危险有害因素可分为物体打击、机械伤害、触电、灼烫、火灾和其他伤害。

116. 钳工工作中，应注意哪些安全事项？

（1）要合理组织工作场地。设备、零部件、工具、材料等摆放要整齐、有序、稳固、安全，保持场地清洁，搞好环境卫生，做到文明生产。

（2）使用的设备和工具（如钻床、砂轮机、手电钻、拆卸器、锤子、锉刀柄等）要经常检查，发现损坏应立即停止使用。

（3）操作时，要穿工作服、戴工作帽，并根据情况使用防护用具，如防护眼镜、防护手套、绝缘工具等。

（4）机器在运转时，其运动部件不得随意用手触动或进行调整，更不允许用手触动刚切下来的高温金属屑。

（5）使用钻床时不准戴手套。在小型零件上钻孔时，不准用手直接把持零件。

（6）使用压力机压装零件时，零件的位置必须放正，不得歪斜。

（7）使用砂轮机时，要用砂轮的外圆表面磨削，不要在砂轮侧面磨削，以免砂轮破裂发生危险；磨削时，用力要适当，不能过猛；使用的砂轮机要有安全防护装置，以防止砂轮甩出伤人。

（8）要认真遵守安全操作规程。例如，不乱按开关，不乱扳手柄；用汽油清洗工件时，要远离明火；不准在乙炔罐前吸烟等。

（9）在钳工的日常工作中，经常要和电打交道。使用电气设备时，应遵守安全用电规则。

117. 钳工应遵守哪些安全操作规程？

（1）工作前首先检查虎钳、手锤、錾子、锉刀等工具是否齐全、完好，锉刀必须装有木把。

（2）使用钻床和砂轮时，必须遵守钻床和砂轮机安全操作规程。

（3）在虎钳上工作时，工件要夹紧，使用扁铲时注意周围环境，对面不准有人。

（4）使用 220 V 手电钻时，要检查是否漏电，并要戴好绝缘手套或站在干燥脚踏板或橡胶板上。

（5）加工大工件（25 kg 以上）要两人搬抬，动作一致，配合好。

（6）使用的扳子要合乎规格，扳口要良好，活扳子不要反向扳或用套管子加长把柄，更不准当锤子使用。

(7) 使用旋具要与槽口的大小相适应，不准当凿子使用。

(8) 使用手锯时，往返用力要均匀，换锯条用力不要过大。

(9) 使用手锤、錾子前，要检查头部是否有卷边毛刺，发现有卷边或毛刺要及时排除。

(10) 操作完毕，搞好工作现场周围环境卫生。

118. 什么叫划线？划线钳工常用的工具有哪些？

答：划线是对加工前的零件进行划线，根据图样和技术要求，在毛坯或半成品上用划线工具划出加工界线，或划出作为基准点、线的操作过程。它是机械零件加工过程中的一个重要工序，广泛用于单件或小批量生产之中。它不仅能确定零件的加工位置和每道工序的尺寸除留界限，而且能及时地发现零件毛坯的各种质量问题。划线分为平面划线和立体划线两种。只需要在工件的一个表面上划线后即能明确表明加工界限的，称为平面划线；需要在工件几个互成不同角度（一般是互相垂直）的表面上划线才能明确表明加工界限的，称为立体划线。划线的基本要求是线条清晰匀称，定型、定位尺寸准确。由于划线的线条有一定宽度，一般要求精度达到 0.25～0.5 mm。应当注意，工件的加工精度不能完全由划线确定，而应该在加工过程中通过测量来保证。

钳工常用的划线工具有钢直尺、划线平板、划针、划线盘、高度游标卡尺、划规、样冲、角尺和角度规及支持工具等。

119. 划线钳工操作过程中有哪些危险有害因素？

答：划线设备本身一般不会给操作者带来危险有害因素，如长期低头、弯腰作业，会对操作者的腰椎、颈椎带来损伤，或造成腰肌劳损、颈椎病等，且会对操作者的眼睛造成一定的影响，如视疲劳或视力下降等。

120. 划线钳工操作过程中有哪些安全规定？

答：（1）工作台要牢固平稳，平台周围要保持整洁，通行要方便，1 m内禁止堆放物体。

（2）所用手锤、样冲等工具要经常检查，不得有裂纹、飞边、毛刺，顶部不得淬火，手锤柄要安装牢固。

（3）所用的千斤顶，必须底平、顶尖、丝扣松紧合适，滑扣千斤顶严禁使用。当用千斤顶调整好划线基准后，对工具一定要支牢垫好。在支撑大型工件时，必须用方木垫在工件下面，必要时要用行车帮助支放垫块。不要用手直接拿着千斤顶，严禁将手臂伸入工件下面。工件校准后，不得单独使用千斤顶作支撑，应加辅助垫块，防止千斤顶失稳。

（4）划针盘用完后，一定要将划针落下紧好，放置适当。

（5）所用的紫色酒精用完后应盖紧，在3 m内不准接触明火，不准放在暖气片上。

（6）大型工件翻身划线，应配合行车工、挂钩工，严格遵守安全操作规程。工件没有支撑牢靠，不得撤离行车。

（7）禁止在划线平台上敲击、锤打、坐人或堆放其他杂物。

121. 什么叫锯削？锯削的基本操作内容有哪些？

答：锯削是用手锯来分割材料或在工件上进行切槽的操作。其基本操作有：

（1）锯条安装。根据工件材料及厚度选择合适的锯条，安装在锯弓上。锯齿应向前，松紧应适当，一般以两个手指的力能旋紧为止。锯条安装好后，不能歪斜和扭曲，否则锯削时易折断。

（2）工件安装。工件伸出钳口不应过长，防止锯削时产生振动。锯线应和钳口边缘平行，并夹在台虎钳的左边，以便操作。工件要夹紧，并应防止变形和夹坏已加工表面。

（3）锯削姿势与握锯。锯削时站立姿势：身体正前方与台虎钳中心线成大约 45°角，右脚与台虎钳中心线成 75°角，左脚与台虎钳中心线成 30°角。握锯时右手握柄，左手扶弓。推力和压力的大小主要由右手掌握，左手压力不要太大。

122. 锯削操作过程中有哪些危险有害因素？

锯削过程中的危险有害因素包括：在安装及锯削过程中锯条划伤手；锯削中锯条断裂扎伤；锯削过程中工件温度升高，如有可燃物质，会起火伤人等；工件脱落扎伤等。

123. 锯削操作过程中有哪些安全规定？

答：（1）锯削前要检查锯条装夹方向和松紧程度，锯条不应装得过紧或过松，要适当。

（2）锯削时压力不可过大，速度不宜过快，以免锯条崩断伤人。

（3）锯削将完成时，用力不可太大，应逐渐减小锯削压力，以免工件突然断开时，因手仍在用力向前推手锯而产生碰伤事故；用左手扶住被锯下部分，逐渐减小锯削力和锯削速度，以免被锯件落下时砸脚。

124. 什么是手锯？它由哪两部分组成？

答：手锯是钳工进行锯削的工具，它由锯弓和锯条两部分组成。

125. 什么是锯弓？它分为哪几种？

答：锯弓是用来张紧锯条的工具。锯弓分为以下两种：

（1）固定式锯弓。它只能安装一种规格（长度）的锯条。

（2）可调式锯弓。它可安装多种规格（长度）的锯条。因此，其使用比较方便，应用更为广泛。

126. 什么是手锯条？锯齿的角度是固定的吗？

答：手锯条是手锯的切削部分，一般用薄而窄的钢条制成，并经过淬火和回火处理。手锯条的长度一般为 300 mm，在一边上开有锯齿，一排锯齿的作用相当于一排同样形状的錾子。

根据所锯材料的不同，锯齿的角度也各不相同。

127. 安装锯条时，应注意什么？

答：安装锯条时，应注意以下几点：

（1）锯齿要朝着前进的方向。

（2）锯条的松紧要适度。过松会使锯条在锯削时产生弯曲、摆动，易使锯缝歪斜和锯条折断；过紧则会使锯条失去应有的弹性，也会折断。

（3）锯条不能扭曲，否则容易锯斜。

128. 锯削速度为什么不宜太快或太慢？

答：锯削时以每分钟 20～40 次为宜。锯软材料可以快些；锯硬材料应该慢些，且锯削行程不应小于锯条全长的 2/3。速度过快，锯条发热严重，容易磨损，必要时可加水、乳化液或机油冷却、润滑，以减轻锯条的发热、磨损。速度过慢，则工作效率低，且不易把材料锯掉。

129. 锯条折断的原因有哪些?

答：锯条折断的原因有：

(1) 锯条装得过紧或过松；

(2) 工件装夹不正确，锯削部位距钳口太远，以致产生抖动或松动；

(3) 锯缝歪斜后强行矫正，使锯条被折断；

(4) 用力太大或锯削时突然加大压力；

(5) 新换的锯条在旧锯缝中被卡住而折断；

(6) 工件锯断时没及时掌握好，使手锯与台虎钳等相撞而折断锯条。

130. 什么叫錾削? 錾削常用的工具有哪些?

答：用锤子打击錾子对金属工件进行切削加工的方法，叫錾削。其操作工艺比较简单，但切削效率和切削质量不是很高。它的工作范围主要是去除毛坯上的凸缘、毛刺、分割材料、錾削平面及油槽等，经常用于不便于机械加工的场合。通过錾削工作的锻炼，可以提高锤击的准确性，为装拆机械设备打下扎实的基础。

錾销常用的工具有錾子和锤子，常用的錾子有扁錾、狭錾（尖錾)、油槽錾。

扁錾主要用于去除凸缘、毛刺和分割材料，其尖部扁平，右切削刃略带圆弧，以便于在平面上錾去微小的突起部分时，切削刃两边的尖角不会损伤平面上其他已加工的表面。

狭錾主要用于錾槽和分割曲线板料。狭錾切削刃比较短，尖部的两个侧面，从切削刃起向柄部逐渐变狭，以避免在錾沟槽时，錾子的两个侧面被卡住，从而增加錾削的阻力和加剧錾子侧面的磨损。为了保证切削部分有足够的强度，狭錾的斜面应有较大的角度。

油槽錾主要用于錾油槽。它的切削刃很短，并呈圆弧形，为了能在开式的滑动轴承孔壁上錾削油槽，其尖部被做成弯曲形状。

131. 錾削过程有哪些危险有害因素?

錾削过程存在的危险有害因素包括锤子飞出或滑出伤人，錾子滑出伤人，錾削时碎屑飞溅出伤眼，錾子头部的飞边切伤手等。

132. 錾削操作过程中有哪些安全规定?

答：（1）工件必须用台虎钳夹紧，一般錾削表面应高于钳口 10 mm 左右，若地面不平，钳身不稳，则须加木块垫衬。

（2）錾削时，钳桌上必须装防护网。

（3）工作时，錾子、手锤不准对着人，以免滑出伤人。

（4）錾子头部的飞边应及时磨去，以免脱落伤手。

（5）锤柄松动或损坏时，应立即装牢或更换，以免锤子飞出伤人。

（6）錾削时，錾削的方向应朝向安全网，以免錾削的碎屑飞出伤人。操作者应戴上防护眼镜。

（7）保持正确的錾削角度，如后角太小，即錾子放得太平，用手锤锤击时，錾子容易飞出伤人。

（8）錾子要经常刃磨锋利，过钝的錾子不但錾削费力，而且錾出的表面不平整，还容易发生因打滑而引起手部划伤事故。

（9）锤柄严禁有油污，握锤的手不准戴手套，以免手锤飞出伤人。

（10）錾屑要用刷子清理，不能用手摸或用嘴吹。

133. 什么叫锉削？锉削常用的工具有哪些？

答：用锉刀在工件表面上进行切削，使其达到所要求的形状、尺寸和表面粗糙度的加工方式称为锉削加工。锉削的工作范围较广，可以对各种形状工件的内外表面进行加工，并达到一定的加工精度。在生产过程中，例如装配过程中对个别零件的最后修整，在单件、小批生产条件下，对某些形状较复杂的相配零件的加工，以及去毛刺，锐边倒钝等工序，都需要由锉削来完成。

134. 锉削操作过程中有哪些危险有害因素？

锉削过程中的危险有害因素包括：锉刀打滑或折断伤人，锉屑飞入眼睛或划伤手。

135. 锉削操作过程中有哪些安全规定？

答：锉削工作一般不容易发生安全事故，但是为了避免不必要的伤害，锉削时仍应注意以下事项：

（1）不使用无柄或裂柄锉刀，锉刀木柄一定要安装牢固，不能松动，否则在锉削时不但用不上力，而且还有可能因木柄脱落而刺伤手腕。

（2）不允许用嘴吹锉屑，以防切屑飞进眼睛；也不能用手清除切屑，以防将手扎伤。

(3) 锉刀放置时不要伸出钳台边缘外，以防锉刀跌落将脚砸伤或将锉刀摔坏。

(4) 锉削时不要用手触摸锉削表面。因为手上往往沾有油污，锉削时易导致锉刀打滑而影响锉削作业，甚至造成事故。

(5) 锉削直角面时，不应使用有边锉纹的锉刀，而应采用带光边的锉刀。

(6) 不允许用锉刀撬、击东西，防止锉尺损坏、锉刀折断或碎裂伤人。

136. 什么叫钻孔？钻孔常用的工具有哪些？

答：用钻头在实体材料上加工孔叫钻孔。常用的钻孔工具有：钻床、钻头和钻孔用的夹具。常用的钻床有台式钻床、立式钻床和摇臂钻床三种，手电钻也是常用的钻孔工具。钻头是钻孔用的刀削工具，常用高速钢制造，钻头由柄部、颈部及工作部分组成。钻孔用的夹具主要包括钻头夹具和工件夹具两种。

137. 钻孔操作过程中有哪些危险有害因素？

钻孔过程中若不慎将衣服、头发绞入，会造成绞伤；钻孔过程铁屑飞入眼睛；清理铁屑时划伤手指，钻头烫伤手指。

138. 钻孔操作过程中有哪些安全规定？

答：(1) 钻孔前要检查钻床的润滑是否良好。

(2) 钻孔前，要根据所依据的钻削速度，调节好钻床的速度。调节时，必须切断钻床的电源。装卸工件、钻头、钻卡头及测量时必须停车进行。

(3) 开动钻床前，应检查钻夹头钥匙是否斜插在转轴上，工作台面上不能放置刀具、量具和其他工件等杂物。

(4) 钻短小和圆形工件时必须夹紧、压牢，不准用手把持，尤其是在钻较大的孔时。

(5) 操作者必须将工作服纽扣及袖口扣好。女同志必须戴好工作帽并将长发放入帽内。严禁戴棉纱手套或手握废纬丝等织物钻孔。

(6) 所用各种工具，如扳手等须完整，不准有残缺或裂纹。

(7) 装卸、松紧钻头时必须使用钥匙手柄或斜铁，不允许用锤子或其他钝器敲打。切记拿下钥匙手柄或斜铁后才能启动钻床。

(8) 操作者的头部不要太靠近高速旋转的钻床主轴，以免头部碰伤。

(9) 钻通孔时应在工件下面放上垫板，以免钻坏工作台面，工件必须夹紧，孔将钻穿时要减小进给力。

(10) 不能用手或嘴吹来清除钻屑，也不宜用废纬丝清除钻屑，以免钻屑划伤手或钻屑的细末飞入眼睛内，要用毛刷或棒钩在停车状态下清除钻屑。

(11) 高速钻削的切屑缠绕在钻头上时，不应继续钻削，应立即停机，并用铁钩钩去切屑，不能用手拉除切屑，以免划伤工件及手。

(12) 停车时，应让主轴自然停止，严禁用手捏、刹钻头。

(13) 严禁在开车状态下装拆工件或清洁钻床。

(14) 钻孔结束，必须切断电源，将钻床打扫干净，清洁工作场地，并对钻床加注润滑油。

139. 什么是深孔钻？常见的深孔钻类型有哪些？

答：可以用来钻削孔深度超过钻头直径5～10倍的钻头，一般称为深孔钻。常见的类型有炮钻、枪钻、多刃深孔钻、螺旋钻头、内排屑钻、套料钻等。

140. 深孔钻必须解决好哪几个问题？为什么？

答：深孔钻必须解决好以下三个问题：

（1）要解决好排屑问题。深孔钻排屑情况如果不好，就使切削温度升高过快，很容易使钻头挤塞。经常从孔中退出钻头排屑，要花费较多的时间，造成生产效率低。

（2）要解决好冷却、润滑问题。把切削液、润滑液引到切削区，有利于改善排屑及提高刀具寿命。

（3）要解决好钻头在工作中有比较精确的导向问题。在加工深孔中易使钻头偏离中心，导致产生废品。

141. 钻孔的方法和注意事项有哪些？

答：（1）开始钻孔时，进给力要小，防止钻头弯曲和滑移，以保证钻孔位置的正确。

（2）进给时要注意手施加的力和感觉，当钻头弹跳时，使它有一个缓冲的范围，以防止钻头折断。

（3）选用精度较高的钻床。

（4）切削过程中，要及时提起钻头排屑，并借此机会加入切削液。

（5）合理选择切削速度。

142. 钻孔时，钻头可能出现损坏的情况及其产生的原因有哪些？

答：钻孔时，钻头可能出现损坏的情况有两种，一是钻头折断，二是切削刃迅速磨损或碎裂。

（1）钻头折断产生的原因有：

1）钻头磨钝，但仍继续钻孔；

2）钻头螺旋槽被切屑堵住，没有及时将切屑排出；

3）孔快钻透时没有减小进给力或变为手动进给；

4）钻黄铜一类软金属时，钻头后角太大，前角又没修磨，致使钻头自动旋进；

5）钻刃修磨过于锋利，产生崩刃现象，而没能迅速退刀。

（2）切削刃迅速磨损和碎裂的原因有：

1）切削速度太高，切削液选择不当或切削液供应不足；

2）没有按工件材料来刃磨钻头的切削角度；

3）工件内部硬度不均匀或有砂眼；

4）钻刃过于锋利，进给量过大；

5）怕钻头安装不牢，用钻刃往工件上蹾。

143. 什么叫扩孔？扩孔常用的工具有哪些？

答：扩孔是用扩孔刀具对工件上已经有的孔进行扩大的加工方法，如对钻孔、铸孔、锻孔和冲孔等形式的孔的扩大加工。扩孔可以作为孔的最终加工，也可以作为铰孔、磨孔等精加工前的预加工工序。

常用的扩孔工具有：麻花钻、扩孔钻、镗刀和割刀套。

（1）麻花钻。麻花钻是常用的钻孔加工工具，它也可以用于扩孔加工，但它在扩孔时的生产效率较低。一般情况下，如果孔径较大不能用麻花钻一次钻成时，常先用较小直径的麻花钻预钻一个孔，然后再用较大直径的麻花钻扩孔。由于扩孔时避免了麻花钻横刃切削的不良影响，可以适当地提高切削用量，以提高生产效率。

（2）扩孔钻。扩孔钻用于对工件已经有的孔进行扩大加工，其切削刃的切削不必自外缘一直延续到中心，所以避免了横刃所引起的不良影响，改善了切削条件。扩孔钻的容屑槽较浅，钻心较粗，因而其刚性较强，可允许采用较大的切削用量。

（3）镗刀。如果扩孔加工的孔径较大，或工件的体积较大、形状复杂，不适宜在其他机床上加工，而又缺乏相应尺寸规格的麻花钻或扩孔钻时，也可以在钻床上利用镗刀扩孔。当被扩孔的精度要求较高时，可以使用可调节镗杆。这种镗杆便于通过调节镗刀的伸缩量来控制加工尺寸。

（4）割刀套。在制作大型样板时，经常需要在薄板上扩钻直径较大的孔，这时可采用割刀套扩孔。

144. 扩孔操作过程中有哪些危险有害因素？

扩孔操作过程与钻孔基本相同，扩孔过程中若不慎将衣服、头发绞入，会造成绞伤；铁屑飞入眼睛；清理铁屑时划伤手指，钻头或镗刀烫伤手指等。

145. 扩孔操作过程中有哪些安全规定？

（1）工作前，检查上、下滑块，导轨，汽缸及皮带轮运转情况，如发现松动、走偏等运转异常现象，应先进行修理。

（2）检查模具、推力滚、碾压轮等处的紧固件是否松动。如有松动，应立即紧固，方可使用。

（3）压缩空气的压力不能低于0.4 MPa。

（4）每班开机前，先将气包内存水放掉，保证气管畅通。

(5) 毛坯温度过低，尺寸和几何形状不合标准的，不准压碾。

(6) 工作中发生故障，要及时修理或调整。修理机床时要停电、停气、停水，调整机床时，只准开调整车，不准开工作车。

(7) 修理、调整后，必须将所有的安全、防护、保险装置按原位置装好，否则不准开机。

(8) 吊锻件时，必须挂牢挂好。锻件装箱不准超出箱体。倒锻件时，周围不准站人。热工件不准倒在通道上。并要遵守挂钩工安全操作规程。

(9) 工作结束时，应切断电源，关闭压缩空气和冷却水的阀门，将操作手柄置于空挡，使机床处于停止状态。

146. 什么叫锪孔？锪孔常用的工具有哪些？

答：锪孔是用锪孔刀具在孔口的表面加工出一定形状的孔或凸台平面的加工方法。例如，锪圆柱形埋头孔、锪圆锥形埋头孔、锪用于安放垫圈用的凸台平面等。锪孔方法与钻孔方法基本相同，在锪孔时，最容易出现的问题是，由于刀具振动而使加工的端面或锥面上出现振痕。

锪孔工具采用锪钻或改制的钻头。锪钻有柱形锪钻、锥形锪钻和端面锪钻。

147. 锪孔操作过程中有哪些危险有害因素？

锪孔操作过程与钻孔基本相同，主要包括：锪孔过程中若不慎将衣服、头发绞入，会造成绞伤；铁屑飞入眼睛；清理铁屑时划伤手指，钻头烫伤手指等。

148. 锪孔时，应注意哪些事项?

答：锪孔时应注意以下几个问题：

（1）锪孔时，锪钻的刀杆、刀片和工件都要夹紧，以免产生振动，且易产生振痕。

（2）锪孔的切削速度比钻孔要低；精锪时，可用停车后钻床主轴的惯性来锪孔。

（3）用麻花钻改制的锪钻要尽量短，并尽量选用较短的钻头来改磨锪钻，以减少振动。

（4）锪钻的后角和外缘处的前角要适当减小，以防扎刀。

（5）手动进给时压力要均匀，而且用力不宜过大，以免打坏锪刀或扭损刀杆。

（6）锪钢件时，因切削热量大，应在切削表面加切削液。

（7）锪刀的切削刃要对称，保持切削平稳。

（8）如用普通高速钢钻头改磨的锪钻，加工材质较软的工件时，可将外缘处的切削刃前角磨小一些，以防止扎刀。

（9）锪削孔下平面时，锪刀杆在钻床主轴上装紧后，尚须用横销楔紧，以防止在进给时锪刀掉下来。

149. 铰刀如何分类?

答：铰刀的分类如下：

（1）按使用方法分。手用铰刀、机用铰刀。

（2）按装夹方法分。柄式铰刀、套式铰刀。

（3）按铰刀材料分。高速钢铰刀、硬质合金铰刀。

（4）按铰刀外形分。圆柱铰刀、圆锥铰刀。

（5）按构造形式分。整体式铰刀、可调节式铰刀。

（6）按刀钩形状分。直槽铰刀、螺旋槽铰刀。

150. 为什么要对铰刀进行研磨？怎样研磨？

国家新标准规定，圆柱铰刀直径留有研磨余量，而且刃带的表面粗糙度值也较大，所以铰削 3 级以上精度的孔时，一定要先将铰刀的直径研磨到所需的尺寸精度。

研磨时，在铰刀表面涂上研磨剂，把铰刀装在机床上，开反车（转速 40～60 r/min），使铰刀沿与铰削相反的方向旋转，同时用手捏住研具，沿铰刀轴线方向往复移动及慢速作正向转动。

研磨中，要经常清除研屑，勤换新研磨剂，随时注意检查铰刀的尺寸精度和几何形状，一直研磨到符合要求为止。

151. 使用机器铰孔的工作要点是什么？

答：使用机器铰孔的工作要点如下：

（1）装夹工件时，要使铰孔的中心线垂直于钻床的工作台面，并且铰刀的中心要和工件预铰孔的中心相重合。

（2）铰孔开始时，为了引导铰刀，可先采用手动进给。当铰进 2～3 mm 后，再采用机动进给。

（3）使用浮动铰刀时，未吃刀前，最好用手扶正并慢慢引导铰刀接近孔的边缘，以防铰刀撞上工件。

（4）在铰削中，特别是铰不通孔时，应分几次不停车退出铰刀，以清除切屑。

（5）铰孔时，要加入充分的切削液。

（6）铰孔结束，要不停车退出铰刀，以免在孔表面留下刀痕。

152. 铰孔时应注意哪些事项？

答：铰孔时，应注意以下事项：

（1）工件要夹正，对薄壁零件的夹紧力不要过大。

（2）手铰过程中，两手用力要平衡，旋转铰刀的速度要均匀，铰刀不得偏摆。

（3）铰刀不能反转，退出时也要顺转。

（4）铰削过程中，如果铰刀被卡住，不能猛力扳转铰刀，以防损坏铰刀。

（5）机铰时，要注意机床主轴、铰刀和工件上要铰的孔三者间的同轴度误差是否符合要求。

153. 什么叫攻螺纹？攻螺纹常用的工具有哪些？

答：攻螺纹是用丝锥在工件内圆柱面上加工出内螺纹，多为三角螺纹，通常用于小尺寸的螺纹加工，特别适合于单件生产或机修场合。

攻螺纹常用的工具有：丝锥、铰杠和攻螺纹夹头。

丝锥是用来加工较小直径内螺纹的成形刀具，丝锥分为手用丝锥、机用丝锥和管螺纹丝锥。手用丝锥安装在铰杠上用手攻螺纹。考虑到丝锥的切削能力，同时也为了减少攻螺纹时的阻力，常把一螺纹孔的攻螺纹工作分成两次或三次进行，所以，手用丝锥一般由两只或三只组成一套；机用丝锥用于机械攻螺纹，通常是一个；管螺纹丝锥专门用来加工管接头上的螺纹。它又可以分为柱形管螺纹丝锥和圆锥形管螺纹丝锥两种。管螺纹丝锥有一个的，也有两个组成一套的。

铰杠是用来夹持丝锥柄部的方榫，带动丝锥旋转切削的工具，一般用钢材制作。铰杠又分为固定式和可调式两种，可调式铰杠的方孔尺寸可以调节，应用比较广泛。

154. 攻螺纹操作过程中有哪些危险有害因素？

答：攻螺纹操作过程中，并不易发生安全事故，主要的危险有害因素包括工件未夹紧造成打滑而伤手等，另外，应防止铁屑飞溅伤眼。

155. 攻螺纹操作过程中有哪些安全规定？

答：(1) 攻螺纹前工件要装夹紧，防止打滑；

(2) 在攻削中，对塑性材料来说，需经常保持足够的切削液；

(3) 严禁在机械运转过程中不停机地进行设备维修保养作业；

(4) 攻削不通孔的螺纹时，要经常把丝锥退出，将切屑清除；

(5) 在攻螺纹孔时，不应把头靠近，防止铁屑飞入眼睛；

(6) 工作完毕，要断电并锁好闸箱。

156. 手攻螺纹的技术要点有哪些？

手攻螺纹的技术要点如下：

(1) 工件装夹要正，并且要将工件需要攻螺纹的一面置于水平或垂直位置，以便在攻螺纹时，容易判断和保持丝锥垂直于工件的方向。

(2) 在开始攻螺纹时，要尽量把丝锥放正，然后用一只手压住丝锥柄的中部，用另一只手轻轻转动铰杠。当丝锥的切削部分全部进入工件时，就不需要再施加轴向力了，靠螺纹自然旋进即可。

(3) 攻螺纹时，每次扳转铰杠，丝锥旋进不应太多，一般以每次旋进 0.5～1 牙为宜。

（4）扳转铰杠时，两手用力要平均。切忌用力过猛或左右晃动，否则容易将螺纹牙型撕裂，导致螺纹孔扩大或出现锥度。

（5）在塑性材料上攻螺纹时，要经常浇注足够的切削液。

（6）攻不通孔的螺纹时，要经常把丝锥退出，将切屑清除，以保证螺纹孔的有效长度。

（7）丝锥用完后，要擦洗干净，涂上机油，隔开放好。切不可混在一起，以免将丝锥刃口碰伤。

157. 机攻螺纹的技术要点有哪些？

（1）丝锥装夹在机床主轴上后，其径向振摆一般应不超过 0.05 mm；工件夹具的定位支撑面和丝锥中心的垂直度偏差不得大于 0.05/100；工件螺纹底孔和丝锥的同轴度允差应不大于 0.05 mm。

（2）当丝锥即将进入螺纹底孔时，进刀要轻且慢，以防止丝锥与工件发生撞击。

（3）攻螺纹时，应在钻床进给手柄上施加均匀的压力，以协助丝锥进入工件。但当校准部分进入工件时，压力即应解除，靠螺纹自然旋进。

（4）攻螺纹时的切削速度：钢材为 6～15 m/min，调质后的或较硬的钢材为 5～10 m/min，不锈钢为 2～7 m/min，铸铁为 8～10 m/min。

（5）攻通孔螺纹时，丝锥的校准部分不能伸出另一端太多，否则在倒转退出丝锥时容易产生乱扣。

158. 怎样取出断丝锥？

丝锥折断时，可根据不同情况采用以下几种方法取出：

（1）用气焊在折断的锥柄上焊一个螺钉，转动螺钉即可取出断丝锥。

（2）用冲子顺着丝锥旋出的方向敲打，开始用力轻一点，慢慢加重，必要时可反向敲一下，使断丝锥松动后取出。

（3）用气焊将断丝锥退火，然后用一个比螺纹内径略小的钻头把它钻掉，再清除掉残余的部分即可。

159. 手攻螺纹时应注意哪些事项？

答：手攻螺纹时应注意以下事项：

（1）工件装夹要正，一般情况下，应将工件要攻螺纹的一面置于水平或垂直位置。这样在攻螺纹时，就能够比较容易地判断和保持丝锥垂直于工件的方向。

（2）在开始攻螺纹时，尽量把丝锥放正，然后用一手压住丝锥的轴心方向，另一手轻轻转动铰杠。当丝锥旋转 1～2 圈后，从正面和侧面观察丝锥是否和工件平面垂直，必要时可用 90°角尺校正。一般在攻 3～4 圈螺纹后，丝锥的方向就可基本确定。如果开始螺纹攻得不正，可将丝锥旋出，用二锥加以纠正，然后再用头锥攻。当丝锥的切削部分全部进入工件时，就不需要再施加轴向力，靠螺纹自然旋进即可。

（3）攻螺纹时，每次扳转铰杠，丝锥旋进不应太多，一般每次旋进以 1/2 到一圈为宜。M5 以下的丝锥一次旋进不得大于半圈，加工细牙螺纹或精度要求高的螺纹时，每次的进给量还要减少。攻铸铁比攻钢材速度可适当快一些。每次旋进后，再倒转约为旋进的 1/2 的行程。攻较深的螺纹孔时，回转行程还要大一些，并需往复旋转几次，这样可折断切屑，有利于排屑，减少切削刃粘屑现象，以保持锋利的刃口，同时使切削液顺利地流入切削部位，起冷却和润滑作用。

（4）攻螺纹时，如感到很费力，切不可强行扭转，应将丝锥倒转，使切屑排除，或用二锥攻削几圈，以减轻头锥切削部分的负荷，然后再用头锥继续攻。如继续攻仍很吃力或断续发出“咯咯”的声响，则说明切削不正常，或丝锥磨损，应立即停止并查找原因，否则丝锥就有折断的危险。

（5）攻不通孔螺纹时，当末锥攻完，用铰杠带动丝锥倒旋松动后，用手将丝锥旋出，不宜用铰杠旋出丝锥，尤其不能用一只手快速拨动铰杠来旋出丝锥。因为攻完的螺纹孔和丝锥配合较松，铰杠又重，若用铰杠旋出丝锥，容易产生摇摆和振动，从而降低工件表面质量。

攻通孔螺纹时，丝锥的校准部分不应全部出头，以免扩大或损坏最后的几扣螺纹。螺纹孔攻完后，也应参照上述方法旋出丝锥。

（6）用成组丝锥攻螺纹时，在头锥攻完以后，应先用手将二锥或三锥旋进螺纹孔内，一直到旋不动时，才能使用铰杠操作，操作时，应对准前一丝锥攻的螺纹，避免产生乱牙。

（7）攻不通孔螺纹时，经常要把丝锥退出，将切屑清除，以保证螺纹孔的有效长度，攻完后也要将切屑清除干净。

（8）攻 M3 以下的螺纹孔时，如工件不大，可用一只手拿着工件，另一只手拿着带动丝锥的铰杠，这样可以避免丝锥折断。

（9）丝锥用完后，要擦洗干净，涂上机械油，隔开放好，妥善保管，不要混装在一起，以免将丝锥刃口碰伤。

160. 机攻螺纹时应注意哪些事项？

答：机攻螺纹时应注意以下几点：

（1）检查钻床各项精度有无超差。

（2）当丝锥即将旋入螺纹底孔时，进给要轻且慢，以防止丝锥与工件发生撞击。

（3）螺纹孔深度超过 10 mm，或攻不通孔的螺纹时，应采用安全夹头，并按丝锥直径的大小调节切削力。

（4）在丝锥的切削部分长度攻螺纹的行程内，应在钻床的进给手柄上施加均匀的压力，以协助丝锥进入工件。同时避免由于仅靠开始几牙不完整的螺纹，在向下拉钻床主轴时，将螺纹刮坏。当校准部分进入工件时，上述压力即可解除，靠螺纹自然旋进，以免将牙型切小。

161. 什么叫套螺纹？套螺纹常用的工具有哪些？

答：套螺纹是用圆板牙在圆柱杆上加工外螺纹，类型也多为三角形螺纹，常用于小尺寸的螺纹加工，适合单间生产和机修场合。在套螺纹过程中，经常会产生烂牙（乱扣）、螺纹一边深一边浅、螺纹中径太小、牙深不够和螺纹表面粗糙等问题，所以在套螺纹的过程中，应注意以下几点：

（1）对塑性材料套螺纹时，一定要加合适的切削液，并经常加注。

（2）圆板牙一定要倒转，以断裂切屑。

（3）圆杆直径要按要求确定，并控制尺寸公差。

（4）套螺纹时，两手用力要均衡和平稳，圆板牙端面要与圆杆轴线垂直，并经常检查，及时纠正。

（5）圆杆端部要按要求倒角，不能歪斜。

（6）铰杠要把稳，不能晃动。

(7) 圆板牙切入后，只要使圆板牙均匀旋转即可，不能再加力下压。

(8) 应用标准螺杆调整尺寸时，不要盲目调节。

(9) 去除积屑瘤，使刀刃锋利。

套螺纹的常用工具有圆板牙和圆板牙架。

162. 套螺纹操作过程中有哪些危险有害因素?

套螺纹与攻螺纹相似，操作过程中一般不易发生安全事故，存在的主要危险有害因素包括工件未夹紧造成打滑而伤手，另外，还应防止铁屑飞溅伤眼。

163. 套螺纹操作过程中有哪些安全规定?

答：(1) 套螺纹前工件要装夹紧，防止打滑。

(2) 每次套螺纹前应将圆板牙排屑槽内及螺纹内的切屑清除干净。

(3) 工件伸出钳口的长度，在不影响螺纹要求长度的前提下，应尽量短，以防止工件扭曲。

(4) 在套螺纹过程中，也应经常倒转 1/4～1/2 圈，以防切屑过长伤人。

164. 套螺纹的技术要点有哪些?

答：套螺纹的技术要点如下：

(1) 为了使圆板牙容易对准工件和切入，圆杆端部要倒成 15°～20°的斜角，锥体的最小直径要比螺纹小径小，以避免切出的螺纹端部出现锋口；否则，螺纹端部容易发生卷边而影响螺母的拧入。

（2）套螺纹时，切削力矩很大，圆杆要用硬木或厚铜板垫钎，才能可靠地夹紧。圆杆套螺纹部分离钳口也要尽量近。

（3）开始时，为了使圆板牙切入工件，要在转动圆板牙时施加轴向压力；但等圆板牙面旋入并切出螺纹时，则不需再加压力，以免损坏螺纹和圆板牙。

（4）套螺纹时，应保持圆板牙的端面与圆杆的轴线垂直；否则，切出的螺纹牙一面深一面浅。

（5）在钢料上套螺纹要加切削液，以提高螺纹表面质量和延长圆板牙寿命。常用的切削液为加浓的乳化液或机油，要求较高时可用菜油或二硫化钼。

165. 什么叫刮削？刮削常用的工具有哪些？

答：刮削加工是用刮刀刮除金属工件表面薄层而使工件达到精度要求的加工方法。刮削加工是一种精加工工艺，具有切削量小、切削力小、产生热量小、加工方便和装夹变形小等特点。刮削不仅能够使工件表面获得很高的尺寸精度、形位精度，提高工件的接触精度、传动精度，还能在工件表面留下一层薄花纹和比较均匀的微浅凹坑，既可以增加工件表面的美观，又可以创造良好的储油条件，以达到润滑工件接触表面，减少摩擦，提高工件使用寿命的目的。利用一般机械加工手段难以达到的加工要求，可以采用刮削加工方法实现。

刮刀是刮削的主要工具。根据工件上不同的刮削表面，刮刀可以分为平面刮刀和曲面刮刀两大类。

166. 刮削操作过程中有哪些危险有害因素？

刮削操作过程中的危险有害因素包括工件的锐边、锐角划伤身体，刮刀划伤身体，操作者踏板倾翻摔伤，工件滑落伤人，吸入刮削铁屑等。

167. 刮削操作过程中有哪些安全规定？

答：（1）刮削前，工件的锐边、锐角必须去掉，防止碰手。对于不允许倒角的工件，在刮削时要注意避免锋边划伤身体。

（2）工件要放稳，不得产生振动或滑动。较大的工件可直接安放并且要垫平稳，小工件要用夹具夹紧，但要防止工件变形。

（3）工件放置位置的高低，要根据操作者身高来定。工件位置一般在操作者的腰部，挺刮时位置要略低，曲面刮削时位置要略高。

（4）刮削工件边缘时，不能用力过大、过猛。

（5）刮削场地的光线要适中，不宜太亮也不宜太暗。光线要从前方射来。

（6）刮削过程中不宜喧闹，且应保持注意力集中。

（7）刮刀用后要放置稳妥，三角刮刀要装入刀套内。

（8）若操作者踏在垫板上刮削，必须将踏板和工件安放平稳，预防跌倒受伤或工件落翻伤人。刮下的切屑要用专门的用具清除。

（9）操作者要佩戴防尘口罩。

168. 什么叫研磨？研磨常用的工具有哪些？

答：研磨是用研磨工具和研磨剂从工件表面研磨掉一层极薄的金属的精加工方法。它是利用涂敷或压嵌在研具上的磨料颗粒，通过研具与工件在一定压力下的相对运动对加工表面进行的精整加工（如切削加工）。研磨可用于加工各种金属和非金属材料，加工的表面形状有平面，内、外圆柱面和圆锥面，凸、凹球面，螺纹，齿面及其他型面。

研磨是同时利用物理作用和化学作用的一种加工方法。

物理作用过程是：由于研具的材料硬度比被研磨工件的材料硬度低，因此研磨时涂在研具表面的磨料，受到压力作用后嵌入研具表面形成很多切削刃。研具和工件之间作复杂的相对运动，使磨料对工件产生微量的切削与挤压，从而能从工件表面切削去一层极薄的金属。

化学作用过程是：由被研磨的工件表面涂上研磨剂后与空气接触很快形成一层氧化膜。这层氧化膜由于其本身的特性容易被磨掉，因此在研磨过程中，氧化膜迅速地形成又不断地被磨削掉，从而提高了研磨的效率。

研磨过程使用的设备包括研具和磨料，研具包括研磨机、研磨平板、研磨棒、研磨环；磨料包括氧化物磨料、碳化物磨料和金刚石磨料。

169. 研磨操作过程中有哪些危险有害因素？

研磨操作过程中的危险有害因素包括工件的锐边、锐角划伤身体，工件滑落伤人，吸入研磨粉尘等。

170. 研磨操作过程中有哪些安全规定？

答：(1) 使用研磨机研磨外圆时，研磨套不得调节过紧，并必须用右手调节。推动研磨套要稳，感觉过紧即调松不要硬推。

(2) 研磨内圆时，研磨杆要装牢，必须用右手移动工件。

(3) 手工研磨内孔时，中小件要夹紧，大件要安放平稳，以免在操作中滑脱或翻倒。用力不可太猛，防止研磨棒脱出工件而致跌伤。

(4) 手工研磨较大平面或拆换研磨机、研磨盘时，须二人协作，动作应协调。注意勿使工具落地伤人。

（5）研磨机在运转时禁止用手直接加添研磨剂。

（6）使用油类清洁要注意防火。

（7）应佩戴防尘口罩，防止吸入研磨粉尘。

171. 什么叫装配？装配常用的工具有哪些？

答：按照规定的技术要求，将若干个零件组合成部件的工艺过程称为部件装配；将若干个零件和部件组合成半成品或成品的工艺过程称为总装配，统称装配。装配是整个制造过程的最后程序。装配工作是一项非常重要而细致的工作，能够弥补零部件加工的不足，必须认真、严格地按照产品装配图、技术要求，为其制定合理的装配工艺规程，采用科学的装配工艺，才能提高装配精度，达到生产出质量优良产品的目的。

172. 装配操作过程中有哪些危险有害因素？

装配操作过程中的危险有害因素包括：在大型设备上装配可能存在高处坠落的危险；在设备下面装配可能出现物体打击危险；装配中使用润滑油，可能出现火灾危险；使用电动工具可能出现漏电伤人。

173. 装配操作过程中有哪些安全规定？

答：（1）整理好工作地，穿好防护用品，检查所使用的工具是否符合要求。

（2）吊装各种部件，禁止进入各部件下面擦洗。

（3）研板及工件支撑要牢固，现场应保持清洁，零件要码放整齐。推研板二人要配合好，动作一致。大研板要用天车吊着研，研后将板放在地上不准悬空。

(4) 使用电动工具要先检查有无安全装置，有无漏电现象。发现异常情况，不得使用。操作时要戴绝缘手套，以防漏电伤人。

(5) 工作台板上不准有油污，工作场地附近不准有易燃易爆物品，热套好的组件不得随地乱放，以免发生烫伤事故。

(6) 实行冷装时，对盛装液氮或其他制冷剂的压力容器气瓶的使用、保管，应严格按气瓶安全操作规程进行。取放工件必须使用专用夹具，戴隔热手套，人体不得接触液氮或冷却了的工件。洒在地上的液氮要用扫帚扫到低处，用硬板盖上，不准用手直接清扫。

(7) 大型产品装配，多人操作时，要有一人指挥，同行车工、挂钩工要密切配合。高处作业应按规定设置高平台，并遵守有关安全操作规程。

(8) 试车的机床应有标志，防止别人误动开关。试车线使用前应先检查，油浸严重或有破损的及时找电工更换。试车线不应通过人行通道，以防砸断触电。

(9) 在油箱、油桶、油棉丝等易燃物品附近禁止烟火，油棉丝应收集在固定地点，不准乱扔，以防火灾。

174. 对装配工作有哪些要求?

对装配工作的一般要求如下：

(1) 装配前，应对零件的形状和尺寸精度等进行认真检查，特别要注意零件上的各种标记，以免装错。

(2) 固定连接的零部件不得有间隙；活动连接的零件，应能灵活而均匀地按规定方向运动。

(3) 各种变速和变向机构必须位置正确，操纵灵活，手柄位置和变速表应与机器的运转要求相符合。

（4）高速运动机构的外面不得有凸出的螺钉头和销钉头等。

（5）各种运动部件的接触表面必须保证有足够的润滑油，并且油路要畅通。

（6）各种管道和密封部件装配后不得有渗漏现象。

（7）每一部件装配完后，必须仔细检查和清理干净，特别是在封闭的箱内（如齿轮箱等），不得遗留任何杂物。

（8）试车前，应对各部件连接的可靠性和运动的灵活性等进行认真的检查；试车时，要从低速到高速逐步进行，不可一开始就用高转速，并且，要根据试车情况进行必要的调整，使其达到运转的要求。

175. 装配工作的重要性有哪些？为什么说装配工作的好坏对产品的质量起着决定性作用？

答：装配工作的重要性有如下几点：

（1）只有通过装配才能使若干个零件组合成一台完整的产品。

（2）产品质量和使用性能与装配质量有着密切的关系，即装配工作的好坏对整个产品的质量起着决定性的作用。

（3）有些零件精度并不很高，但经过仔细修配和精心调整后，仍能装出性能良好的产品。

装配工作的好坏对产品的质量起决定性作用：

就生产过程来说，产品的质量主要取决于产品的结构设计（设计水平）、零件的加工（加工质量）和机器的装配（装配精度）三个阶段。装配是整个产品制造过程中的最后一个阶段，也是产品生产的最重要的一个阶段。所以装配的好坏对产品的质量起着决定性作用。

176. 零件、部件、组件及分组件有什么区别？

答：零件是构成机器的最小单元，如一根轴、一个螺钉等。

部件是由两个或两个以上零件结合形成机器的某一部分，如车床主轴箱、进给箱等。

组件是直接进入产品总装的部件；直接进入组件装配的部分称为一级分组件，进入一级分组件装配的称为二级分组件，以此类推。

177. 电器装配工安全操作规程的主要内容有哪些？

（1）遵守电工作业一般规定。电器、工具必须经常检查，保持清洁、干燥和绝缘良好。

（2）电烙铁必须放在烙铁架上，使用时必须检查其外壳是否漏电，使用完毕立即断电。禁止将电烙铁放在桌上和易燃物品附近。使用手电钻应遵守电动工具安全操作规程。

（3）使用台钻时，必须遵守台钻安全操作规程。

（4）使用台钳时，虎钳在桌子上必须装置牢固，工件必须卡紧，虎口使用行程不得超过其最大行程的 2/3。

（5）变压器装配时，不准斜插铁心。平整铁心时严禁用铁锤敲打。

（6）配线时必须选用合适的剥线钳口，不得损伤线芯。电线长度需适当，不准有中间接头。

（7）电器组件进行耐压试验时，无关人员要远离高压区。试验区必须放置遮栏并挂警示牌和设人监护。

（8）工作场地应通风良好。

（9）工作完毕应将设备、用电工具的电源切断。

178. 粘接时，应注意哪些事项？

（1）正确选用黏结剂，使用的稀释剂要清洁。

（2）严格按照说明书中的规定进行配胶，并在有效期内使用。

（3）粘接前，要严格进行表面处理，并尽快粘接，以防粘接表面再污染。

（4）涂胶要均匀，厚度要适当，不准欠胶。

（5）涂胶后，要适当晾置，让稀释剂挥发。

（6）粘接件合拢后，要排除粘接面之间的空气，施压不要过早，并且要逐步加压。

（7）固化时，粘接件的放量要妥当，以防相对移动或变形。

（8）重新粘接时，要除净原有的黏结剂。

（9）严格遵守安全操作规程。表面处理时，要防止化学物质烧伤皮肤；稀释浓硫酸时，应将浓硫酸边搅拌边缓慢地倒入水中；保持室内通风，防止有毒、易燃、易爆材料使用不当造成事故。

179. 什么叫锡焊？它的特点和用途是什么？

将被焊接的工件表面和焊锡加热，使焊锡熔化，填满被焊接工件的缝隙，把工件连接起来，这种操作叫锡焊。

锡焊的主要特点在于不产生变形（因其本身不熔化），设备简单，操作方便，大部分金属及合金都可进行锡焊。锡焊特别适合于焊接强度要求不高或需要密封的部位。它广泛应用于无线电工业中。锡焊是钳工最常用的一种焊接方法。

180. 试述锡焊的操作步骤？

锡焊的操作步骤如下：

（1）固定焊缝位置，清洁焊缝。

（2）加热烙铁到需要的温度。

（3）取出烙铁，蘸上焊剂，熔化焊锡，使焊锡粘在烙铁头上。

（4）在焊缝处涂上焊剂。

（5）把粘有焊锡的烙铁放在焊缝处，稍停一会儿，使焊件发热，然后均匀地慢慢移动，使焊锡填满焊缝。

（6）清理焊缝，检查焊接质量。

181. 锡焊时应注意哪些事项？

锡焊时应注意以下事项：

（1）锡焊前，必须认真搞好焊接表面的清洁处理工作。

（2）锡焊时，为了防止焊料变脆而影响结合强度，焊料的加热温度不宜过高。

（3）烙铁加热时，不得超过 600℃（暗红色）。因为 600℃以上，紫铜会氧化并与锡结合成青铜，涂不上锡。

（4）在使用喷灯时，切不可过度充气，否则会发生爆炸，引起火灾。不可把燃料注入未冷的喷灯内。

（5）在用带酸性的焊剂时，工件焊完之后必须冲洗干净；否则，剩下来的酸剂将与金属产生化学作用，引起金属腐蚀。

（6）由于酸有毒，在配焊剂时，一定要有完善的劳动防护条件和良好的通风设备，以免影响工作人员的身体健康。

182. 锡焊作业安全操作规程的主要内容有哪些？

（1）工字铁、铁管等工夹具要装设牢固，放置平稳。使用钻床、剪板机和高处作业时，应遵守有关工种安全操作规程。

(2) 焊制完毕应将炉火熄灭。使用电烙铁应先检查是否漏电并放在稳妥的地方，烙铁不准充当其他工具用来锤、敲或撬东西。工作完毕即将插头拔掉，防止失火。

(3) 剪切材料，手不准挡在切割线上。多人操作应相互配合，协调一致。使用剪刀时不准用榔头敲击剪刀板。

(4) 安装过程中如遇电气线路阻碍，应先通知电工切断电源，再进行工作。

(5) 敲击板料要防止砸、割手。角料及剪下的碎料应放在安全地点，防止刺伤。

(6) 锡焊时清除水污要防止飞溅。焊油和氯化锌不许乱放，用后要清理干净。

(7) 密闭容器要打开通风设备后才能焊接。

183. 何谓矫正？矫正分为哪几种？

条料、棒料、板料和某些零件由于加工、搬运、热处理、使用等原因经常产生弯曲、翘曲或扭曲等缺陷，消除这些缺陷的操作称为矫正。矫正分为以下两种：

(1) 手工矫正。手工矫正是钳工用手工工具在平台、铁砧或虎钳上进行的。矫正时，采用扭转、弯曲、延展、伸张等方法。

(2) 机械矫正。机械矫正是在校直机、压力机、冲床等设备上进行的一种矫正操作。

184. 什么叫冷作硬化？为什么矫正后要进行退火处理？

矫正过程中，材料由于受到锤打，金属组织变得紧密，材料表面硬度增加，性能变脆。这种在冷加工塑性变形的过程中产生的材料变硬现象叫冷作硬化。

冷作硬化后的材料为进一步的加工带来了困难。因此，矫正后要进行退火处理，使材料恢复其原有的机械性能。

185. 矫正用的工具和设备有哪些？其用法何在？

矫正时，常用的工具和设备有以下几种：

（1）矫正平板，用做矫正工件的基准面。

（2）铁砧，用做敲打条料或角钢时的砧座。

（3）软、硬手锤，用于矫正一般材料。通常使用圆头手锤和方头手锤。矫正已加工过的表面或有色金属制件，应使用软手锤（如铜锤、铅锤、木锤和橡皮锤等）。

（4）压力机，用于矫正较长的轴类零件或棒料。

（5）抽条（又叫豁皮），用条状薄板料弯成的简易手工工具，用于抽打较大面积的薄板料。

（6）木方条，用质地较硬的檀木制成的专用工具，用于敲打板料。

（7）检验工具，常用的有平板、直角尺、钢直尺和百分表等。

186. 矫正时应注意哪些事项？

（1）矫正时，锤柄必须安装牢固。

（2）拿工件的左手，要戴防护手套。

（3）表面需要加工的工件，不能用延展法矫正，因为表面应力被加工掉以后，会恢复原状，使加工件报废。

（4）经过淬火没有进行回火、比较脆的工件不能进行矫正。

（5）矫正条料时，手持的一端离锤击点应比另一端距离远些，而且应将工件几乎抬离铁砧。

(6) 进行矫正时，左前方不能站人。两人用大锤矫正时，击锤者应站在右前方。

187. 怎样选择矫正方法?

选择矫正方法时应考虑以下因素：

(1) 能用机械矫正的，尽量采用机械矫正。例如，大型工件、轴和丝杠类零件、厚钢板等一般采用机械矫正，薄钢板和较细的棒料等可采用手工矫正。

(2) 工件和板料变形大的可采用机械加热矫正，变形小的则采用手工矫正。

188. 弯形的方法有哪几种?

弯形的方法有以下两种：

(1) 冷弯。即在常温下进行的弯形工作。

(2) 热弯。即将工件的被弯部分加热，呈现樱红色，然后进行弯形。

一般情况下，热弯由锻工进行，钳工只进行冷弯操作。

189. 板料弯形的原则有哪些?

板料弯形的原则如下：

(1) 无论是什么样的板料，弯形前必须先划好线。

(2) 能用虎钳弯形的工件尽量用虎钳弯形。

(3) 厚度在 5 mm 以上的板料一般由锻工进行热弯，厚度小于 5 mm 的板料通常由钳工进行冷弯。

190. 什么是清洗？试述清洗工作的一般步骤？

清洗，即借助于清洗设备和工具将清洗液作用于设备零部件表面，用适当的清洗方法清除和洗净零部件表面黏附的油脂、污垢及其他杂质，并使其达到一定清洁度的工艺过程。

清洗工作常按以下步骤进行：

（1）初步清洗。初步清洗包括去除机件表面的旧油、铁锈和漆皮等工作。清洗时，可用专门的油桶把刮下的旧干油保存起来，以作他用。

（2）用清洗剂或热油冲洗。机件经过除锈、去漆之后，应用清洗剂将加工表面的渣子冲洗干净。原有干油的机件，经初步清洗后，如仍有大量干油存在，可用热油烫洗，但油温不得超过 120℃。

（3）净洗。机件表面的机油、锈层、漆皮洗去之后，先用压缩空气吹，再用煤油或汽油彻底冲洗干净。

191. 设备清洗前需要进行哪些准备工作？

设备清洗前需要进行以下准备工作：

（1）熟悉设备图样和说明书，弄清设备的性能和所需润滑油的种类、数量及加油位置。

（2）设备清洗的场地必须清洁，不要在多尘土地区或露天进行。清洗前，场地应作适当清理和布置。

（3）准备好所需的清洗材料、用具和放置机件用的木箱、木架及需用的压缩空气、水、电、照明等设施。

（4）仔细检查设备外部是否完整，有无碰伤。对于设备内部的损伤，也要进行记录，并及时处理。

（5）准备好防火用具，时刻注意安全。

192. 清洗作业的安全措施有哪些？

清洗作业中，必须采取以下安全措施：

（1）以有机溶剂为清洗液进行清洗作业的场所，属乙类火灾危险区域，必须有良好的通风设施，并且严禁引入火种及吸烟，应配置火灾自动报警设备和自动灭火系统。同时，还应设置可燃气体检测仪，定期进行检测。在作业场所周围 15 m 范围内，严禁堆积易燃、易爆物品。

（2）清洗液配制间应与周围的相邻部分隔开，并且要设置全面机械通风。

（3）要严格控制清洗作业场所的噪声，使其对作业区的影响不超过 85 dB（A）。

（4）超声波清洗用的清洗槽，由于长期受化学物品腐蚀，所以必须定期检查，以防止槽底破裂。为降低噪声，须提高超声波工作的频率，并且要对清洗槽及槽底换能器采取隔音措施。

（5）清洗作业场所的地面要平整光滑，易于清扫，并应配置地面和墙壁的冲洗设施。经常有酸碱液流散或聚积的地面，应采用耐腐蚀材料铺设，并呈 1%～2%的坡度，坡向车间的排污系统。

（6）清洗作业人员要戴防护手套，如耐碱的橡皮手套和耐苯的防护手套等，并且要接受过安全教育和防护用品合理使用的职业教育。

（7）当三氯乙烯溅入眼睛时，应立即用大量干净水冲洗。当小滴三氯乙烯溅入眼睛时，在用水冲洗前，先掀开眼皮，用干净空气吹一下眼球，等三氯乙烯初步蒸发后再用水冲洗。然后，立即送医院急诊。

193. 修理钳工操作安全技术有哪些？

答：（1）设备修理前，在制定修理方案的同时，必须制定相应的安全措施；在施工中要组织好工作场地，注意切断待修设备的电源，挂上“有人操作，禁止合闸”的标志。

（2）使用手电钻时，应检查是否接地或接零线，并应佩戴绝缘手套、胶靴。使用手持照明灯，电压必须低于 36 V。

（3）修理中，如需多人操作，必须有专人指挥，密切配合。

（4）修理中，不准用手试摸滑动面、转动部位或用手试探螺孔。

（5）使用起重设备时，应遵守起重工安全操作规程。

（6）高空作业必须戴安全帽、系安全带。不准上下投递工具或零件。

（7）试车前应检查电源接法是否正确，各部分的手柄、行程开关、撞块等是否灵敏可靠，传动系统的安全防护装置是否齐全，确认无误后方可开机运转。

194. 机械修理工作的形式有哪几种？

根据使用时间、损坏程度和工作量的大小，机械设备的修理分为以下三种形式：

（1）小修。它是一种维护性的修理，主要是消除设备在使用中由于零件磨损或操作保养不良造成的局部损伤，以维持设备的正常运转。一般情况下，设备的小修应每年进行一次。

（2）中修。它是有针对性的修理，主要是修理某一损坏部分或解决各零部件之间的不协调，以保证设备的正常运转。

（3）大修。它是在设备使用一定年限后进行的一种恢复性的修理。修理时，要拆卸所有的零部件，并进行清洗和检查，更换或修复全部磨损零件，对主体部分进行修整。通过大修应消除所存在的一切故障，基本上恢复设备原有的技术性能，并尽可能提高设备的耐用度。在许可的情况下，大修还应包括对设备进行某些小的改装。

195. 设备修理的组织方法分为哪三种形式?

(1) 按部件组织修理。按部件组织修理就是将需要修理的部件拆下来，换上事先准备好的相同部件。采用这种方法可以缩短设备的停机时间。它适用于拥有大量同类设备的企业。

(2) 分部修理。分部修理就是对设备的各个独立部分，按计划安排的顺序分别进行修理，每次只集中修理一个部分。其优点是，由于把设备修理的工作量分散，可以利用非生产时间进行修理。它适合于结构上具有相对独立部件的设备和修理工作量大的设备。

(3) 同步修理。同步修理是将工序上互相紧密联系的数台设备安排在同一时间内修理，以减少分散修理所占的停机时间。它适用于流水生产线的设备。

196. 机械设备修理的安全技术有哪些?

机械设备修理的安全技术包括以下几方面：

(1) 设备修理前，在制定修理方案时，就必须制定相应的安全措施。在施工中要组织好工作场地，做到整齐、清洁，搞好文明生产。

(2) 修理用的设备和工具（如钻床、手电钻、拆卸器、锤子、锉柄等）要经常检查，发现损坏应立即停止使用。

(3) 与电源相接的机械设备，修理时必须切断电源，不准带电进行修理。特别是在拆卸前要挂上“正在修理”的标志，以免发生工伤事故。

(4) 设备修理时，不准用手试摸滑动面、转动部位或用手指试探螺孔。

(5) 修理中，如需多人操作，必须有专人指挥，密切配合。

(6) 修理带车轮的机械时，应塞住车轮。用千斤顶顶升时，千斤顶应放置平稳。垫高机器或部件时，应先找好垫高工具，禁止用砖头、碎木或其他容易碎裂的物体来垫塞。

(7) 开动车、钻、磨床时，不准戴手套。在小型零件上钻孔时，不准用手直接把持零件。不准用手触摸刚切削下的高温金属屑。

(8) 使用手电钻时，应检查是否接地或接零线，并应穿戴绝缘手套、胶靴。

(9) 在机下工作时，要在修理的机器上挂上“正在修理，请勿转动机器”的牌子。

(10) 高空作业时，必须戴安全帽、系安全带。不准上下投递工具或零件。

(11) 设备试车前，要检查电源接法是否正确，各部手柄、行程开关、撞块等是否灵敏可靠，传动系统的安全防护装置是否齐全，确认无误后方可开车运转。

197. 拆卸设备时应注意哪些事项?

拆卸设备时应注意下列事项：

(1) 拆卸时，必须牢记设备的构造和零件的装配关系，以便拆卸、修理后再装配时能有把握地进行。

(2) 拆卸中，对于螺纹的旋向，零件的松开方向、大小头和厚薄端一定要辨别清楚。

(3) 必须采取正确的拆卸方法，如拆卸锥销时，只能从小端冲出。不了解零件结构和固定方法就大力锤击，往往会造成零件的损坏。

(4) 用击卸法冲击零件时，必须垫好软衬垫，并使用软材料（如紫铜）做的锤子或冲棒，以免损坏零件表面。特别是要注意保护好主要零件，不使其发生任何损坏。

(5) 在拆卸经过平衡的旋转部件时，应注意尽量不破坏原来的平衡状态。

(6) 拆下后的导管、润滑或冷却用的管道以及各种液压件等，在清洗后均应将进出口封好，以免灰尘杂质侵入。

(7) 起吊拆卸的零件时，应防止零件变形或发生人身事故。

198. 安装钳工的任务是什么?

安装钳工的任务主要是借助于一些工具和仪器，采用先进的操作方法，将机械设备正确地安装在预定的位置上。但是，有一些大型机械设备，为了运输方便，常拆成部件甚至零件运输。由于运输或经过一定时间的存放，零部件的表面可能生锈或被尘土、脏物所污染，内部的保护油也可能变质。所以，将它清洗干净后，组装成一部完整的机器，就是安装钳工的任务。此外，机械设备在制造上的缺陷及在运输、存放中所造成的变形、损坏或丢失等，也需要在安装过程中及时检查和处理，这些都是安装钳工的任务。

199. 在设备就位过程中，应注意哪些安全事项?

在设备就位的搬运和起吊过程中，要特别注意以下安全事项：

(1) 移动设备的滚杠应采用直径 50～100 mm 的钢管，其粗细要均匀，长短要一致。在设备移动过程中调整、摆放滚杠时，不能戴手套，应将手的 4 个指头放在滚杠筒内，大拇指放在滚杠外，捏住杠端用力，以免压伤手指。

（2）吊装设备的绳索要挂在吊装环、吊装孔的位置上，或拴在其他能够受力的部位，以确保安全。绳索与设备表面接触处应垫上木垫，以保护油漆面和精加工表面。

（3）起吊和下落时要平稳，要使设备处于水平位置时才移动。

200. 冷作作业一般安全规程的主要内容有哪些？

（1）工作前，检查大小锤、平锤等有无卷边、伤痕。锤把应坚韧，无裂纹，应加铁楔，安装应牢固。平锤、压锤、扁锤、冲子等工具的顶部严禁淬火。禁止使用卷边和有棱刺的锤头。进车间应戴安全帽。

（2）进行铲、剁、铆等操作不准对着人。使用风动工具工作间断时，应立即关闭风门，将铲头取出。

（3）打大锤不准戴手套，并注意周围人员安全。

（4）使用钻床不准戴手套，并遵守钻工安全操作规程。

（5）使用砂轮机打磨应遵守电动砂轮安全操作规程。

（6）使用水压机、曲柄压力机、油压机、剪板机或其他各种设备前，应先检查各部位是否良好，运转是否正常，并遵守所用设备的安全操作规程。用行车吊运工件，应遵守有关挂钩工安全操作规程。

（7）使用平板机、液板机时必须指定专人负责开动。送铁板时，手不准靠近压辊，注意防止衣袖卷入压辊。多人一起工作时，必须由一人统一指挥，密切配合，一致行动。钢板进出料方向严禁站人。

（8）曲轴压力机和摩擦压力机开动时，不准把手和头伸入冲头行程内放料、取料。换冲模时，必须将冲头顶住。加热的工件严禁投扔。

（9）登高作业，应遵守高处作业安全规程。

（10）加热炉周围不准放易燃物品，用完后一定要将炉火熄灭。

（11）使用翻转台时应与工件相匹配，要避免所翻转的工件上的凸出物与滚轮或电焊搭线相撞，引起工件走偏翻落。在进行翻转工件时，两边禁止有人逗留或作业。

（12）工作中，工件要堆放整齐，边角余料应放到指定地方。场地要及时清理，经常保持整洁，通道顺畅。

201. 冷作装配作业安全操作规程的主要内容有哪些？

（1）除遵守冷作工一般安全规程外，应执行本规程。工作前应检查所用的工具是否良好，清除工作场地的杂物。

（2）兼做气焊（割）的冷作装配校正工，应按气焊（割）工安全操作规程操作，并必须经考试合格后方可操作。

（3）高处作业必须有防护围栏，设坚固的脚手架或平台。梯子必须装有防滑装置。操作者必须扎好安全带，工具只能放在工具袋内。

（4）使用风动砂轮时，必须有防护罩。工作时人应站在回转方向的侧面，停止工作时必须关闭砂轮。

（5）使用的行灯电压不得超过 36 V，并备有安全罩。

（6）在多人装配作业时应注意配合，确保安全。

（7）禁止在吊起的工件及翻转的工件上进行锤击校正，防止工件脱落。

（8）钢板顶弯使用压力机时，首先检查压力机上各种机件是否良好，方可施工。

(9) 拼装时应与电焊工相互配合，注意防止被热工件烫伤和防止工件压坏电线。人不得直接接触正施焊的工件，防止造成触电事故。

(10) 在大型工作物内部作业时，行灯电压应采取 12 V 供电。施工人员必须穿戴好规定的防护用品，以防止触电、碰伤、割伤事故的发生。高处作业应遵守高处作业的安全规定。

◎事故案例

案例一：

1999 年某月某日，一工厂在生产过程中，一台设备发生故障，维修钳工陈某前来检查修理。经修理后，进行开机运行，但是运行仍不正常，于是再次将设备吊起 0.6 m 高。在无任何支撑安全措施情况下，维修钳工陈某伸头向机内观看，此时吊绳突然断裂，设备落下，维修钳工陈某被当场砸死。

案例二：

2002 年某月某日 22:39 时，某钢铁厂甲 3 号炉出钢，当时氩水温度为 1 635℃，吹氩后为 1 603℃。22:47 时到连铸加 300 kg 废冷坯后，测温为 1 589℃。22:52 时吊上回转台开大包，开浇后，钢包内忽然喷溅钢水，火红的钢水喷溅在操作台炉前、炉旁，把当时蹲在炉旁抢修中仓车轮的三位钳工不同程度灼伤。

第11章 机加工和钳工安全急救知识

202. 工作现场伤害事故发生后应如何急救?

答：(1) 事故当事人应立即放下手中的工作，必要时关闭机器。

(2) 应立即通知厂内医务人员或相应的救护人员，采取现场行之有效的救护措施，实施受伤人员救护。

(3) 必要时及时将受伤人员送入医院治疗。

(3) 及时报告厂内有关部门和领导。

203. 现场常用的受伤人员救护方法有哪些?

答：现场常用的救护方法包括心肺复苏和止血。

(1) 心肺复苏 (CPR)。心肺复苏是针对骤停的心跳和呼吸采取的“救命技术”。其对象为意外事件中心跳和呼吸停止的伤员或病人，而非心肺功能衰竭或绝症终期病患。

实施心肺复苏的具体步骤为：

1) 判断伤员有无意识。轻拍伤员的肩部，并大声呼喊，如果伤员没有反应（如睁眼、说话、肢体活动等），说明没有意识。

2) 明确抢救的体位。伤员正确的抢救体位是水平仰卧位，即伤员平卧，头、颈、躯干不扭曲，两上肢放在躯干旁边；救护人员应跪在伤员肩部上侧，这样不需要移动自己膝部，就可依次进行人工呼吸和胸外心脏按压。

3）保持伤员呼吸道畅通。解开伤员的领带、衣扣。救护人员一手压额，使伤员头部后仰，另一只手的食指、中指置于其下颌骨下方。将颏部向前抬起，使咽喉和气道在一条水平线上。清除伤员口鼻内的污物、土块、痰、涕、呕吐物，使呼吸道通畅。必要时嘴对嘴吸出阻塞的痰和异物。

4）判断伤员呼吸（要在 3～5 s 内完成）。看胸部有无起伏，听有无出气声音，用脸感觉有无气流拂面。如无呼吸，立即实行人工呼吸。

5）人工呼吸。保持伤员的气道畅通。用压前额的那只手的拇指、食指捏紧伤员的鼻孔，另一只手托下颌。如果伤员的牙关紧闭或口腔严重受伤，可用一只手使伤员的口紧闭，做口对鼻人工呼吸。

一次吹气完毕后，救护人员与伤员的口脱开，并吸气准备第二次吹气。

按以上步骤反复进行，吹气频率为 12～15 次/min。

6）判断伤员脉搏。若有脉搏，继续人工呼吸。若无脉搏，进行胸外心脏按压。

7）胸外心脏按压。用一只手的掌根按在伤员胸骨中下 1/3 段交界处，另一只手压在该手的手背上，双手手指均应翘起不能平压在胸壁上。双肘关节伸直，利用体重和肩臂力量垂直向下挤压。使胸骨下陷 4 cm 左右，略停顿后在原位放松，但手掌根不能离开胸壁定位点。

单人抢救时，每按压 30 次后吹气 2 次，反复进行；双人抢救时，每按压 5 次后由另一人吹气 1 次，反复进行。

（2）止血。当一个人一次失血量不超过血液总量的 10%时，对健康无明显影响，并且失去的血量能很快恢复；当失血量超过 30%时，就可能危及生命。

毛细血管出血。血液从伤口渗出，出血量少，色红，危险性小，只需要在伤口上盖上消毒纱布或干净手帕等扎紧即可止血。

静脉出血。血色暗红，缓慢不断流出。一般抬高出血肢体以减少出血，然后在出血处放几层纱布，加压包扎即可达到止血目的。

动脉出血。血色鲜红，出血来自伤口的近心端，呈搏动性喷血，出血量大，速度快，危险性大。一般使用间接指压法止血，即在出血动脉的近心端用手指把动脉压在骨面上，予以止血。

204. 骨折后如何实施现场急救？

骨折的急救是在骨折发生后的及时处理，包括检查诊断和必要的临时措施。正确的急救措施可有效减轻伤员的痛苦，并为医生的救护争取宝贵的时间。

现场处理方法：

肢体骨折可用夹板、木棍、竹竿等将断骨上、下方两个关节固定，若无固定物，则可将受伤的上肢绑在胸部，将受伤的下肢同健肢一并绑起来，避免骨折部位移动，以减少疼痛，防止伤势恶化。

开放性骨折，伴有大出血者，先止血，再固定，并用干净布片或纱布覆盖伤口，然后速送医院救治。切勿将外露的断骨推回伤口内。

若在包扎伤口时骨折端已自行滑回创口内，则到医院后，须向负责医生说明，提请注意。

疑有颈椎损伤，在使伤员平卧后，用沙土袋（或其他代替物）放置头部两侧，以使颈部固定不动。

腰椎骨折应将伤员平卧在硬木板（或门板）上，并将腰椎躯干及两下肢一同进行固定，预防瘫痪。搬运时应数人合作，保持平稳，不能扭曲。平地搬运时伤员头部在后，上楼、下楼、下坡时头部在上，搬运中应严密观察伤员，防止伤情突变。

205. 发生火灾后，如何逃生？

发生火灾时，如何根据当时的具体情况，采取科学的自救措施，迅速逃离火场是十分关键的。应当保持沉着、冷静，切忌盲目乱跑，更不要大声叫喊，否则火区内的烟雾和火焰会随着叫喊声而吸入呼吸道，造成伤害。只有沉着、冷静才能化险为夷。

在烟气较大的情况下，通常的做法是，及时地喷水，可以有效地降低浓烟的温度，抑制浓烟蔓延的速度；用毛巾或布蒙住口鼻，可以过滤烟中的微碳粒，减少烟气的吸入；关闭与着火房间相通的门窗，能减少浓烟的侵入；从烟中出逃，如烟不太浓，可俯身行走，如烟较浓，须匍匐爬行，在贴近地面的空气层中，烟害往往是比较轻的。

被火围困时，正确地发出求救信号，是脱离险境的重要手段。火场上人声嘈杂，烈火飞腾，这时卧着呼救效果比站着好。因为站着呼救，熊熊烈火会把声波反射回来，外面的人听不见。卧着呼救时，因火势顺空气上升，低矮的地方可燃物已经燃尽，或者还没有燃着，声波容易穿过空隙传出去。

206. 身上着火时如何实施自救？

人身上着火，一般是衣服着火，奔跑等于加速了空气流通，得到了更多的氧气，因此越烧越烈。另外，身上着火的人狂奔乱跑，势必把火种带到别处，有可能引起新的着火点。正确的方法应该是：

一般是先脱去衣服帽子，如果一时来不及，可把衣服猛撕扔掉，脱去衣帽，身上的火也就灭了。如果衣服在身上烧，不仅会使人烧伤，而且会给以后的抢救治疗增加困难，特别是化纤服装受高温熔融后会与皮肉粘连，而且还有一定的毒性，会使伤势恶化。

如果来不及脱衣服，可以卧倒在地上打滚，把身上的火苗压熄，倘若有其他人在场，他们可用湿麻袋、毯子等把身上着火的人包起来，就能使火熄灭，或者向着火人身上浇水帮助将烧着了的衣服撕下来。但是，切不可用灭火器直接向着火人身上喷射，因为灭火器内的药剂会引起伤口感染。

如果身上火势较大，来不及脱衣，旁边又无人帮助灭火，则可以尽快地跳入附近的池塘、水池、小河中，把身上的火熄灭。虽然这样可能对后来的烧伤治疗不利，但是至少可以减轻烧伤程度和面积。如果人体已被烧伤，且烧伤面积很大，则不宜跳水，以防感染。

207. 被火烧伤后，如何实施现场救护？

答：针对烧伤的轻重可分别采取相应的救护措施：

（1）冷清水冲洗或浸泡伤处，降低表面温度。

（2）脱掉受伤处的饰物。

（3）Ⅰ度烧烫伤可涂上外用烧烫伤药膏，一般 3～7 日可治愈。

（4）Ⅱ度烧烫伤，表皮水泡不要刺破，不要在创面上涂任何油脂或药膏，应用干净清洁的敷料或就近器材，如方巾、床单等覆盖伤部，以保护创面，防止污染。

（5）严重口渴者，可口服少量淡盐水或淡盐茶。条件许可时，可服用烧伤饮料。

（6）呼吸窒息者，行人工呼吸；伴有外伤大出血者应尽快止血；骨折者应进行临时骨折固定。

（7）大面积烧伤伤员或严重烧伤者，应尽快组织转送医院治疗。

208. 火灾中出现窒息和烟雾中毒后如何实施现场救护？

答：如果伤员发生缺氧窒息和烟雾中毒，应迅速转移至空气新鲜流通处，注意保暖和安静；对已出现窒息者，速送医院进行气管手术，对呼吸、心搏骤停者应该实施现场心肺复苏救生术。

209. 意外触电后有哪些症状？

答：意外触电后轻者有惊吓、发麻、心悸、头晕、乏力等症状，一般可自行恢复。重者出现强直性肌肉收缩、昏迷、休克症状，以心室颤为主。低压电流持续数分钟后会造成心搏骤停，所致局部烧伤伤口小，伤口焦黄，较干燥（似烤煳状）。高压电流主要伤害呼吸中枢，呼吸麻痹为主要死因。高压电流或闪电烧伤，表面可有烧伤烙印闪电纹，给人感觉烧伤并不严重，但实际烧伤面积大，伤口深，重者可伤及肌肉、肌腱、血管、神经及骨骼。

210. 触电后如何脱离电源？

答：触电急救首先要使触电者迅速脱离电源，越快越好，因为电流作用时间越长，对人体伤害就越大。脱离电源就是要把触电者接触的那一部分带电设备的开关或其他断路设备断开，或设法将触电者与带电设备脱离。可采取如下措施脱离电源：

（1）在脱离电源前，救护人员不得直接用手触及伤员以免救护人员同时触电，如触电者处于高处，应采取相应措施，防止该伤员脱离电源后自高处坠落形成复合伤。

（2）触电者触及低压带电设备，救护人员应设法迅速切断电源。

如关闭电源开头，拔出电源插头等，或使用干燥的木棒、木板、绳索等绝缘工具解脱触电者。另外，救护人员可站在绝缘垫上或干木板上，为使触电者与导电体解脱，在操作时最好用一只手进行操作。

(3) 触电者触及高压带电设备，救护人员应迅速切断电源或用适合该电压等级的绝缘工具（戴绝缘手套、穿绝缘靴并用绝缘棒）解脱触电者，救护人员在抢救过程中应注意保护自身与周围带电部分必要的安全距离。

(4) 救护触电伤员切除电源时，有时会同时使照明失电，因此应考虑事故照明、应急灯等临时照明，新的照明要符合使用场所的防火、防爆要求，但不能因此延误电源切断和人员急救。

211. 触电者脱离电源后应如何处理？

(1) 对神志清醒的触电者，应将其就地放平，严密观察呼吸、脉搏等生命体征，暂时不要让其站立或走动。

(2) 对神志不清的触电伤员，应将其就地放平，且确保气道通畅，并用 5 s 时间呼叫或轻拍其肩部，以判定触电者是否丧失意识，禁止摇动触电者头部呼叫。触电者如意识丧失，应在 10 s 内用看、听、试的方法，判定触电者呼吸、心跳情况：

看：看触电者的胸部，上腹部有无呼吸起伏动作。

听：用耳贴近触电者的口鼻处，听有无呼气声音。

试：试测口鼻有无呼气的气流，再用两手指轻试一侧（左或右）喉结旁凹陷处的颈动脉有无搏动。

若采用看、听、试等方法发现触电者既无呼吸又无颈动脉搏动，可判定触电者呼吸、心跳停止。

(3) 对需要进行心肺复苏的触电者，在将其脱离电源后，应立即就地进行有效心肺复苏抢救。心肺复苏应在现场就地坚持进行，不要随意移动触电者，如确实需要移动，抢救中断时间不应超过 30 s。

（4）触电者好转后的处理。如触电者的心跳和呼吸经抢救后均已恢复，则可暂停心肺复苏操作，但心跳呼吸恢复后的早期有可能再次骤停，应严密监护，不能麻痹，要随时准备再次抢救。

（5）紧急呼救。在对触电者施救的同时，拨打 120 电话请求急救。要请求救护人员做好接收触电者的准备，同时对触电人员的其他合并伤，如骨折、体表出血等做出相应处理。

移动触电者或将触电者送医院时，除应使触电者平躺在担架上并在其背部垫以平硬宽木板外，还应继续抢救，心跳呼吸停止者应继续施以心肺复苏术抢救，并做好保暖工作。

212. 被强酸烧伤后如何进行急救？

答：被各种不同的酸烧伤，皮肤产生的颜色也不同，如硫酸创面呈青黑色或棕黑色；硝酸创面先呈黄色，以后转为黄褐色；盐酸创面则呈黄蓝色；三氯醋酸的创面先为白色，以后变为青铜色等。此外，颜色的改变还与酸烧伤的深浅有关，潮红色最浅，灰色、棕黄色或黑色则较深。

酸烧伤后立即用水冲洗是最为重要的急救措施，冲洗后一般不需用中和剂，必要时可用 2%～5%的碳酸氢钠、2.5%氢氧化镁或肥皂水处理创面，后仍用大量清水冲洗，以去除剩余的中和溶液。

创面处理采用一般烧伤的处理方法。由于酸烧伤后形成的痂皮完整，宜采用暴露疗法。

213. 被强碱烧伤后如何进行急救？

答：被碱烧伤后，应立即用大量清水冲洗创面，冲洗时间越长，效果越好，达 10 h 效果尤佳，但伤后 2 h 处理者效果差。如创面 pH 值达 7 以上，可用 0.5%～5%醋酸、2%硼酸湿敷创面再用清水冲洗。

创面冲洗干净后，最好采用暴露疗法，以便观察创面的变化。深度烧伤应及早进行切痂植皮。全身处理同一般烧伤。

214. 眼睛飞入铁屑后如何进行急救？

答：轻度眼伤如眼睛进异物，切忌用手揉搓，以防伤到角膜、眼球，可叫现场同伴用肥皂和水洗手后，翻开眼皮用干净手绢、纱布将异物拨出。注意不要用棉花等物品去取异物。不要取虹膜或瞳孔口的异物。

重度眼伤，千万不要试图拔出插入眼中的异物，若见到眼球鼓出或从眼球中脱出东西，不可把它推回眼内，这样做十分危险，可能会把能恢复的伤眼弄坏，应让伤者仰躺，救护者设法支撑其头部，并尽可能使其保持静止不动，同时可用消毒纱布或刚洗过的新毛巾轻轻盖上伤眼，尽快送往医院。

215. 头皮被撕脱后如何进行急救？

答：在机加工作业中，如果操作工不按要求佩戴劳动防护用品，很容易出现因工人发辫卷入转动的机器而产生头皮撕脱。这种工伤来得突然，而且症状严重，常使人束手无策，但万一发生应正确地做好应急护理。

遇到这种意外创伤，其他工作人员不要惊慌失措，应立即拉开机器闸刀使机器停下来，并组织人力抢救病人。

因头发被强行扯拉，一般都可使大块头皮自帽状腱膜下层连同骨膜层一并撕脱，所以对于头皮撕脱伤要及时用无菌敷料或清洁被单覆盖头部创口，加压包扎。

小心取回被撕脱的头皮，轻轻折叠撕脱内面，外面用清洁布单包裹，要保持绝对干燥，禁止置于任何药液中，随同病人一起送医院处理。

护送途中，要安慰病人，并给予少量止痛剂。可以给病人喝开水或盐开水，或由厂医务人员作静脉补液以防休克，应力争在 12 h 之内送入医院作清创等妥善处理。

216. 断指后应如何采取急救措施？

一旦发生断指事故，首先要抢救伤员生命，检查有无脊髓和神经损伤，注意保护，防止引起或加重损伤。如有出血，要根据出血部位，选用加压包扎、指压、扎止血带等方法紧急止血，防止休克。疑有骨折、脱位，先不要自行整复，可用夹板、石膏或代用品进行简单固定。

活动性出血（如手或足），最好别扎大肢体（如前臂、小腿），这样会扎住静脉，动脉扎不住，反而增加出血量，因现场通常没有能扎住动脉的物品，用局部加压法更好些。做完这些或与此同时，应该处理断指。有时手指未完全断离，仍有一点皮肤或组织相连，其中可能有细小血管，足以提供营养，避免手指坏死，务必小心在意，妥善包扎保护，防止血管受到扭曲或拉伸。

断指残端如有出血，应首先止血。肢体、手指断离后，虽失去血脉滋养，但短期内尚有生机，而时间一长，则变性腐烂。冷藏保存断指可以降低其新陈代谢率，维持生机。冬天气温较低，容易做到（8 h 内均可再植）；春秋季节，特别是盛夏（6 h 内可再植），天气炎热，此时迅速冷藏低温保存断指尤为重要。可将断指先用无菌敷料或相对干净的布巾等代用品包裹，外面用塑料薄膜密封。此后置于合适的容器如冰瓶内，周围放上冰块，和病人一同转送附近有再植条件的医院。冰块可取自冰箱。一时难以取得，可用冰棍、雪糕代替。断指不可直接与冰块或冰水接触，以防冻伤变性。酒精可使蛋白质变性，故绝对禁止将断离肢（指）直接浸泡于酒精内。如欲冲洗，只可用生理盐水。高渗或低渗溶液，均对组织细胞有害，会影响再植成活率，不可以用来浸泡、冲洗断指。

217. 发生交通事故后应如何急救?

车辆伤害多发生于公路，如行人被自行车、机动车撞伤，摩托车、汽车翻车伤及车内人员等。车辆伤害主要伤及伤员头部、四肢、盆腔、肝、脾、胸部。引起死亡的主要原因为头部损伤、严重的复合伤和碾压伤。

如果是运输危险化学品的车辆发生了交通事故，不仅会造成人员伤害，还可能由于危险化学品受到撞击、泄漏发生火灾、爆炸或人员中毒事故。

现场救护原则：

（1）现场应急的顺序为紧急呼救→保护现场→转运伤员。拨打救护电话 120、110、119。

（2）切勿立即移动伤者，除非处境会危害其生命（如汽车着火、有爆炸可能）。

（3）将失事车辆引擎关闭，拉紧手掣或用石头固定车轮，防止汽车滑动。

（4）呼救的同时，现场人员首先查看伤员的伤情，伤员从车内救出过程中应根据伤情区别对待，脊柱损伤伤员不能拖、拽、抱，应使用颈托固定颈部或使用脊柱固定板，避免脊髓受损或损伤加重导致截瘫。

（5）实行先救命、后治伤的原则，呼吸心跳停止进行心肺复苏抢救。

（6）意识清醒的伤员可询问其伤在何处（疼痛、出血、何处活动受限），立刻检查伤处，进行对症处理，疑有骨折应尽量简单固定后再进行搬运。

（7）事故发生后应尽可能对现场进行保护，以便给事故责任划分提供可靠证据，并采用最快的方式向交通管理执法部门报告。

（8）如果交通事故涉及危险化学品，应首先了解危险化学品的种类、名称和危险特性，有针对性地实施应急行动，同时尽量佩戴个体防护用品，站在上风侧进行现场救护。

218. 高空坠落后如何进行急救？

答：高空坠落往往发生于大型机械设备的维修钳工作业中。高空坠落人员通常有多个系统或多个器官的损伤，严重者当场死亡。高空坠落人员除有直接或间接受伤器官表现外，还会伴有昏迷、呼吸窘迫、面色苍白和表情淡漠等症状，可导致胸、腹腔内脏组织器官发生广泛的损伤。高空坠落时，足或臀部先着地，外力沿脊柱传导到颅脑而致伤；由高处仰面跌下时，背或腰部受冲击，可引起腰椎韧带撕裂、椎体裂开或椎弓根骨折，易引起脊髓损伤。如果发生脑干损伤，常有较重的意识障碍、光反射消失等症状，也可能有严重合并症出现。

所以，在发生高空坠落后应采取如下急救措施：

（1）去除伤者身上的用具和口袋中的硬物。

（2）在搬运和转送过程中，颈部和躯干不能前曲或扭转，而应使脊柱伸直，绝对禁止一个抬肩一个抬腿的搬法，以免发生或加重截瘫。

（3）创伤局部妥善包扎，但对疑颅底骨折和脑脊液漏患者切忌作填塞，以免导致颅内感染。

（4）颌面部受伤者首先应保持其呼吸道畅通，撤除假牙，清除移位的组织碎片、血凝块、口腔分泌物等，同时松解受伤者的颈、胸部纽扣。若舌已后坠或口腔内异物无法清除，可用 12 号粗针穿刺环甲膜，维持呼吸，尽可能早地进行气管切开。

（5）复合伤要求平仰卧位，保持呼吸道畅通，解开衣领扣。

（6）周围血管伤，压迫伤部位以上动脉至骨骼。直接在伤口上放置厚敷料，绷带加压包扎以不出血和不影响肢体血循环为宜。当上述方法无效时慎用止血带，原则上尽量缩短使用时间，一般以不超过 1 h 为宜，做好标记，注明上止血带时间。

（7）有条件时迅速给予静脉补液，补充血容量。

（8）快速平稳地送医院救治。

219. 中暑后应如何急救？

答：在高温车间、露天场所或缺乏空调、通风设备的公共场所的工作人员，很容易发生中暑。

中暑症状包括：大汗、口渴、无力、头晕、眼花、耳鸣、恶心、胸闷、心悸、注意力不集中、四肢发麻、体温升高等。

中暑后应采取的急救措施包括：

（1）迅速把伤员移至阴凉通风处或有空调房间，使其平卧，解开衣裤，以利呼吸和散热。

（2）轻者饮淡盐水、淡茶水，或藿香正气水、十滴水、仁丹等。

（3）体温升高者，用凉水擦洗其全身，水的温度要逐步降低。在头部、腋窝、大腿根部可用冷水或冰袋敷之，以加快散热。

（4）严重中暑者，经降温处理后，应及时送往医院，以便其及早获得专业急救和治疗。

220. 食物中毒后应采取哪些急救措施?

答：食物中毒者最常见的症状是剧烈的呕吐、腹泻，同时伴有中上腹部疼痛。食物中毒者常会因上吐下泻而出现脱水症状，如口干、眼窝下陷、皮肤弹性消失、肢体冰凉、脉搏细弱、血压降低等，最后可致休克。

食物中毒应采取的急救措施包括：

（1）发现人员食物中毒时，尽快催吐。可以用筷子或手指轻碰患者咽壁，促使排吐。如毒物太稠，可取食盐 20 g，加冷开水 200 mL，让患者喝下，多喝几次即可呕吐。或者用鲜生姜 100 g 捣碎取汁，用 200 mL 温开水冲服。肉类食品中毒，则可服用十滴水促使呕吐。

（2）药物导泻。食物中毒时间超过 2h，精神较好者，可服用大黄 30 g，一次煎服；老年体质较好者，可取番泻叶 15 g，一次煎服或用开水冲服。

（3）解毒护胃。取食醋 100 mL 加水 200 mL，稀释后使中毒人员一次服下。或者取紫苏 30 g、生甘草 10 g 一次煎服。也可以使中毒人员口服牛奶和生鸡蛋清，以保护胃黏膜，减少毒物刺激，阻止毒物吸收，并有中和解毒作用。

（4）如果中毒者已发生昏迷，则禁止对其催吐。

（5）如果经上述急救，病人的症状未见好转，或中毒较重者，应尽快送医院治疗。必要时，尽量收集食物中毒人员的呕吐物或食用的食物，用于医院化验以明确中毒物质，使医生能及时对症下药进行急救。